EL NIÑO

Des mêmes auteurs

Laurent Testot

Cataclysmes. Une histoire environnementale de l'humanité, Paris, Payot, 2017, rééd. « Poche » 2018, prix Léon de Rosen de l'Académie française 2018.

Homo canis. Une histoire des chiens et de l'humanité, Paris, Payot, 2018, rééd. « Poche », 2021.

La Nouvelle Histoire du monde, Auxerre, Sciences Humaines éditions, 2019.

Vortex. Faire face à l'Anthropocène, avec Nathanaël Wallenhorst, Paris, Payot, 2023.

Jean-michel Valantin

Hollywood, Washington et le Pentagone, les trois piliers d'une stratégie globale, Paris, Autrement, 2003, rééd 2010.

Menace climatique sur l'ordre mondial, Paris, Lignes de repères, 2005.

Écologie et gouvernance mondiale, Paris, Autrement, 2007.

Guerre et Nature. L'armée américaine se prépare aux guerres du climat, Paris, Prisma Media, 2013.

Géopolitique d'une planète déréglée. Le choc de l'Anthropocène, Paris, Le Seuil, 2017.

L'Aigle, le Dragon et la crise planétaire, Paris, Le Seuil, 2020.

Correction : Catherine Garnier
Conception graphique : Farida Jeannet

44, quai Henri-IV – 75004 Paris
ISBN : 9782380944822
Dépôt légal : octobre 2023

Laurent Testot et Jean-Michel Valantin

EL NIÑO

Histoire et géopolitique d'une bombe climatique

nouveau monde
éditions

Sommaire

II
Géopolitique : El Niño et la fureur des nations

Annexes

Introduction

El Niño est revenu.

La nouvelle est tombée le 8 juin 2023, peu après que nous avons décidé d'écrire l'ouvrage que vous tenez entre les mains. El Niño est revenu, a annoncé la NOAA (National Oceanic and Atmospheric Administration, États-Unis). Branle-bas de combat, alors que l'humanité commence à réaliser qu'elle va devoir faire face à une épreuve climatique décisive. Selon toute probabilité, nous voici entrés dans un monde inconnu, une planète qui va très rapidement être chauffée à plus de 1,5 °C. Car El Niño a la particularité de réchauffer l'atmosphère. Ce phénomène climatique augmente, l'année où il se manifeste, les températures planétaires d'environ +0,3 °C ou +0,4 °C. C'est dire l'extraordinaire moment que nous sommes en train de vivre : pour la première fois depuis quatre ou cinq millions d'années, la Terre va probablement se réchauffer au-delà des +1,5 °C de moyenne planétaire dès la fin de l'année 2023 !

Signalons d'abord que, par défaut, toute température exprimée dans cet ouvrage est une moyenne pour la planète entière. Elle est exprimée en degrés C, C pour Celsius, calibrée par rapport aux températures de références collectées dans la seconde moitié du XIXe siècle, moment à partir duquel les instruments de mesure sont devenus suffisamment performants pour fournir des relevés précis et comparables.

Et présentons immédiatement le protagoniste de cet ouvrage : El Niño, « l'enfant » en espagnol. Le nom complet, *El Niño de la Navidad*, évoque Jésus, le bambin de la Nativité. Le sobriquet lui a été attribué par des pêcheurs péruviens à un moment indéterminé. Quelque part entre les XVIe et XIXe siècles, ils ont observé la manifestation la plus visible d'El Niño : l'irruption d'un courant côtier chaud au large du Pérou et de l'Équateur. Et celui-ci se manifeste généralement autour de Noël.

De l'Holocène à l'inconnu

Prenons la mesure de ce que signifie la rupture apportée par El Niño 2023-2024 : depuis 11 700 ans, ultime spasme de la dernière grande glaciation, nous vivons en Holocène, une période géologique au climat relativement stable. Nos ancêtres ont certes connu des chauds et des froids, par exemple un optimum climatique médiéval (OCM) entre les IXe et XIIIe siècles, ou un Petit Âge glaciaire (PAG) entre la fin du XIIIe et le début du XIXe. Mais les températures globales, planétaires, sont restées entre +1 °C et -1 °C en moyenne planétaire ces cent dix-sept derniers siècles. Dit autrement : quittant douze millénaires de stabilité climatique, qui nous ont offert les conditions favorables pour domestiquer les plantes, les animaux, nous en nourrir, construire des villes, inventer des religions, des États et des armées, élaborer des choses aussi compliquées que des civilisations sédentaires et urbaines, Internet ou le séquençage du génome humain…, nous entrons aujourd'hui dans l'inconnu climatique. Sommes-nous prêts pour l'expérience ?

Nous avons déjà effleuré la limite depuis quelque temps. Début 2023, les températures mondiales avaient atteint +1,2 °C. Ceci provoquait déjà des angoisses chez ceux qui savaient que nous vivions depuis 2020 en période La Niña. La Niña est la sœur jumelle d'El Niño, et elle est aussi redoutable que son frère. Elle fait quasiment tout à l'inverse de lui, et refroidit l'atmosphère à l'échelle planétaire. 2020, 2021, 2022, jusqu'aux premiers mois de 2023, étaient des années La Niña, des années censées être plus froides que la moyenne, durant lesquelles des records de chaleur ont été pulvérisés partout sur la Terre. Ce que nous claironne maintenant ce dragon d'El Niño, c'est que 2023, 2024 et probablement 2025 vont pulvériser les records de chaleur tout juste établis.

Bienvenue en climat inexploré

Carbonisons d'emblée tout doute. Même si El Niño peut ponctuellement attiser la chaleur, le présent réchauffement climatique est entièrement attribuable à l'action humaine. La cause est parfaitement documentée : émettez pléthore de gaz à effet de serre (GES) en brûlant des énergies fossiles (charbon, pétrole, gaz), renforcez par une déforestation galopante, complétez en artificialisant les puits de carbone naturels que sont les sols, les zones humides, et n'oubliez pas de saturer l'océan en CO_2 et chaleur. Or l'année la plus chaude que nous avons connue avant 2023 reste 2016, durant une précédente et particulièrement violente séquence El Niño. Il y a bien eu un épisode El Niño mineur en 2018-2019, mais il est resté sans conséquence… Jusqu'à ce jour du 8 juin 2023, où nous sommes entrés en *terra incognita* climatique, parés pour être projetés, probablement avant la fin 2023, au-delà des 1,5 °C, et y rester *a minima* une dizaine de mois, voire une vingtaine. En commençant avec les huit journées les plus chaudes jamais enregistrées, qui se sont succédé en ce début de juillet 2023.

Bienvenue en zone inexplorée : +1,5 °C, c'est la limite que nous n'aurions pas dû franchir si nous avions accordé crédit aux rapports du GIEC et à l'accord de Paris élaboré en 2015. Signé début 2016, à l'issue de la COP21, il fixait comme but de rester à tout prix au-dessous des 1,5 °C, faute de quoi des États insulaires allaient disparaître sous les flots… À défaut, le texte admettait comme possible d'atteindre 1,9 °C. La recette avait de quoi écœurer : des engagements creux car non contraignants, mêlés à l'hypocrisie des politiques et à la complicité des experts sommés de concevoir des trajectoires climatiques compatibles avec les déclarations politiques – mais incompatibles avec ce que l'on devinait des effets déjà enclenchés quand on disposait de quelques bases en sciences de la Terre. Nous savions déjà qu'une bonne part de la planète était condamnée à rôtir avec une hausse des températures mondiales à +2 °C à l'horizon 2050. La vraie question était : allions-nous, collectivement, faire baisser de toute urgence nos émissions de GES pour passer la seconde moitié du XXIe siècle aux alentours des 2 °C ? Ou condamnions-nous l'humanité à vivre dans un enfer toujours plus chaud pour les décennies à venir[1] ?

Limites, seuils et points de rupture

Un point de vocabulaire s'impose. Quels sont les seuils, limites et points de bascule auxquels notre avenir commun est désormais suspendu ? Rien de mieux qu'une métaphore. Imaginez : vous êtes sur un quai de gare, plongé dans le noir absolu. Vous progressez doucement, avec un peu d'appréhension. Votre pied sent une bande rugueuse, vous réalisez que vous avez atteint la limite. C'est-à-dire le début de la zone où vous allez être en danger. La progression devient un peu plus difficile, mais vous êtes d'humeur à prendre des risques, à l'instar

1. Pour un aperçu de ce qui nous pourrait nous attendre : David Wallace-Wells, *La Terre inhabitable. Vivre avec 4° de plus*, 2019, traduit de l'américain par Cécile Leclère, Paris, Robert Laffont, 2019 ; Mark Lynas, *Six degrés. Que va-t-il se passer ?*, 2007, traduit de l'américain par Pierre Kaldy, Malakoff, Dunod, 2008.

de l'humanité aujourd'hui. Vous franchissez la limite. Quelque part devant vous se trouve un seuil, une rupture brusque. Elle va vous faire basculer dans un autre univers – ici, ce sera la voie ferrée… Une fois tombé au-delà du seuil, vous serez en danger mortel. Hélas, plongé comme vous l'êtes dans les ténèbres de l'incertitude, vous ne savez pas exactement quand vous atteindrez ce seuil. Seule connaissance sûre : une fois que vous l'aurez franchi opérera un point de bascule, représenté ici par le train qui pourrait vous percuter à tout moment. Ce point de bascule est un état de métamorphose radicale du monde qui vous entoure, tellement radicale que vous n'en sortirez pas intact.

En termes scientifiques, dans le cadre des sciences du système Terre[1], sont recensés neuf processus terrestres qui conditionnent l'habitabilité de notre planète. Le climat est un de ces processus (avec la biodiversité, le cycle de l'eau douce, les cycles de l'azote et du phosphore, l'équilibre chimique des océans, la couche d'ozone stratosphérique, l'utilisation des sols, les aérosols atmosphériques et les pollutions chimiques).

À ce jour, l'humanité a dépassé 6 des 9 limites, elle se rapproche ce faisant de seuils qui pourraient enclencher des points de rupture. Pour le seul paramètre du climat, la limite (formalisée par les mesures de CO_2 dans l'atmosphère et de l'excédent de chaleur solaire reçu par les surfaces terrestres)

1. Laurent Testot, Nathanaël Wallenhorst, *Vortex. Faire face à l'Anthropocène*, Paris, Payot, 2023.

a été dépassée dans les années 1980. Les seuils consécutifs sont inconnus et potentiellement déjà entamés, les points de bascule potentiels innombrables : vagues de chaleur mortelle, sécheresses à répétition obérant les capacités de l'humanité à se nourrir, accélération dramatique du cycle de l'eau, érosion accélérée des écosystèmes, fonte des glaces qui seront suivies d'une montée des eaux de plus en plus rapide, dégel du pergélisol qui pourrait libérer une grande quantité de gaz à effet de serre supplémentaires, etc.

Un guide des égarés

Face au chaos climatique qui s'amorce, nous avons conçu ce livre comme un guide des égarés. Rapide à lire, dense en informations.

Une partie historique, pour expliquer comment fonctionne la « clim' planétaire » qu'est El Niño ; comment des scientifiques ont mis en évidence son existence ; et pour montrer à quel point El Niño a été un accélérateur de l'histoire. Il a contribué à la chute de civilisations antiques, à la mainmise coloniale de l'Europe sur le monde, façonnant la géographie contemporaine des inégalités. Il est le capitaine des quatre cavaliers de l'Apocalypse – Conquêtes, Famines, Pandémies et Guerre –, dévastant les récoltes par sécheresses ou inondations, pourrissant souvent la vie de millions de personnes et ce, à l'échelle du globe. Jusqu'à mener peut-être à l'effondrement de civilisations.

Et une partie géopolitique, pour se préparer à ce que nous allons vivre ces prochaines années. Partant du renforcement des effets de la géopolitique, en particulier ceux de la guerre en Ukraine, par ceux de l'emballement climatique, nous allons découvrir comment El Niño aggrave les crises agricoles, énergétiques et migratoires actuelles en en faisant des crises stratégiques, tout en contribuant à la montée aux extrêmes de nombreux conflits. Nous verrons comment cela aggrave les tensions, les guerres civiles et la crise migratoire en Afrique et au Moyen-Orient, percutant l'Europe. Et ce alors que la crise climatique commence à départager les puissances qui s'y adaptent ou non, dans le cadre de l'affrontement qui oppose les États-Unis à la Russie et à la Chine.

Le but du présent livre n'est pas de vous plonger dans l'angoisse. Il est de nous préparer collectivement à ce qui advient et d'anticiper ce que sera l'après-El Niño. En 2025, peut-être bénéficierons-nous d'un répit dans la montée vers les extrêmes climatiques. L'inertie des sociétés et du système Terre est telle que nous connaissons la trajectoire à venir pour les trois prochaines décennies. Un monde à +1,5 °C vers 2030, possiblement dès 2027 ; à +2 °C vers 2045, plus ou moins cinq ans. Ensuite ? Ensuite ce sera le chaos. À moins que…

À moins que, tirant enfin les leçons de l'El Niño 2023-2025, l'humanité exploite la parenthèse de répit séparant 2025 et 2030 pour opérer les virages nécessaires à la survie des civilisations. Et que s'impose une «trêve planétaire» face à l'ennemi commun qu'est le changement climatique – reste à esquisser en conclusion à quoi pourrait ressembler une politique planétaire de la survie.

I

El Niño et le destin des civilisations

1
La sainte famille des dragons climatiques

El Niño et La Niña sont des phénomènes climatiques générés par l'océan Pacifique. Ils sont capables de transformer, de manière très partiellement prévisible, le climat mondial[1]. Ils trouvent leur origine dans l'océan Pacifique. De très loin la plus grande masse d'eau terrestre, il est le principal réservoir de froid de la climatisation planétaire. Les courants et les vents déplacent des masses de fluides (eau et air) qui régulent les températures partout sur le globe. Le système évolue dans le temps, selon des processus de rétroaction de longue durée, qui peuvent connaître de brutales accélérations.

En temps ordinaire, l'océan Pacifique est parcouru par les alizés. Ces « vents du commerce » soufflent vers l'ouest le long de l'équateur. Ils transportent la chaleur des eaux baignant les côtes du Pérou et du Chili vers l'Asie. Pour compenser

1. Les informations qui suivent sont issues du site du National Ocean Service états-unien [https://oceanservice.noaa.gov/], et de Michael J. McPhaden, Agus Santoso, Wenju Cai (dir.), *El Niño Southern Oscillation in a Changing Climate*, Hoboken NJ/Washington DC, Wiley/American Geophysical Union, 2021.

ce transfert de chaleur, de l'eau froide monte des profondeurs marines, pour jaillir au large de l'Amérique du Sud, en un mécanisme dit *upwelling* (traduit par «remontée d'eau»). El Niño et La Niña sont deux phénomènes antagonistes qui brisent cet équilibre ordinaire. Durant un El Niño, les alizés s'essoufflent et ralentissent, l'eau chaude est repoussée vers l'est, drossée sur la côte occidentale des Amériques. Cette eau chaude s'accumule le long des côtes péruviennes, puis s'étale lors d'El Niño forts jusqu'à la Californie au nord et jusqu'à la Patagonie au sud.

El Niño, La Niña et l'oscillation australe sont souvent désignés collectivement sous le nom d'El Niño/Southern Oscillation (ENSO), un cycle qui oscille d'une année à l'autre entre des états chauds, froids et neutres dans le Pacifique tropical.

Les fondamentaux d'El Niño

• Les cycles La Niño/La Niña ont une périodicité allant de deux à sept ans, hautement variable et faiblement prévisible à moins de quelques mois.

• Souvent, mais pas toujours, La Niña suit El Niño.

• Sur le temps long, on verrait plus souvent El Niño que sa sœur.

• En règle générale, un El Niño ou une La Niña dure une année, à cheval sur deux de nos années civiles – ce pourquoi on évoquera souvent une double date, comme «El Niño 2015-2016». Il arrive que La Niña joue les prolongations, sur deux ou trois années – par exemple « La Niña 2020-2023 ». Les épisodes El Niño sont souvent plus intenses que les La Niña, mais ils se prolongent rarement au-delà d'une année.

• Les conséquences sont planétaires, et terriblement complexes. Car El Niño comme La Niña interfèrent avec nombre d'autres phénomènes et cycles atmosphériques et océaniques, jouant aux échelles locales, continentales ou océaniques. Ces « interconnexions » rendent les prévisions difficiles et font que jamais un épisode n'est identique à un autre.

• Certains scientifiques évoquent des « saveurs » d'El Niño, triant les épisodes en fonction de variantes. La principale de ces variantes est El Niño Modoki, terme japonais qui signifie « similaire mais différent ». Un épisode Modoki émerge dans le Pacifique équatorial central et non au large du Pérou, ce qui change ses effets planétaires.

• Quelle que soit sa catégorie, plus le phénomène – en termes d'écarts des températures des eaux de surface (SST, pour *Sea Surface Temperatures*) dans le centre du Pacifique – est important, plus ses impacts sont conséquents. À titre de référence, le très violent El Niño 2015-2016 est monté à +2,6 °C au-dessus des températures de surface habituelles de l'océan en conditions ENSO. Pour celui qui commence en 2023, le BOM (Bureau of Meteorology australien) anticipait début juin 2023, avec un fort degré de probabilité, +3,4 °C en novembre 2023.

• El Niño comme La Niña se traduisent notamment par des impacts sur les feux de forêts, les précipitations (sécheresses par-ci, inondations par-là, car les pluies, quand elles ne tombent pas quelque part, vont forcément ailleurs), les tempêtes, les écosystèmes, et évidemment les économies (entre agriculture, ressources halieutiques et désastres naturels…).

• ENSO n'est pas la seule oscillation océanique à agir sur le climat, il en existe de nombreuses autres. Mais c'est la plus importante, car il est généré par la plus grande masse d'eau, celle du Pacifique. La NAO (North Atlantic Oscillation) agit, à l'instar d'ENSO, sur le climat d'Europe occidentale et de la côte Est des États-Unis. C'est lui qui met l'Europe relativement à l'abri des caprices d'El Niño.

• El Niño augmente les températures moyennes planétaires, mais de façon inégale en fonction des régions. Au-dessus du Pacifique équatorial, la hausse de température peut atteindre, pour un El Niño fort, +2,5 °C. Sachant que cette étendue est immense, elle contribue à elle seule à un surcroît conséquent des températures moyennes. Simultanément, d'autres régions peuvent rester à des températures moyennes équivalentes à celles des années passées… ou pas.

Les dégâts qu'El Niño peut causer

En bouleversant un peu partout les cycles de l'eau, El Niño provoque des sécheresses, ou des inondations à grande échelle. D'abord sur le monde tropical, où l'agriculture dépend des pluies de la mousson d'été, qu'El Niño va enrayer, parfois sur deux années consécutives. La sécheresse peut ravager les Philippines, l'Indonésie, la moitié nord de l'Australie, la Chine du Sud, l'Asie du Sud-Est, l'Inde, le Pakistan, Madagascar, l'Afrique australe, la Corne de l'Afrique et l'Amazonie. Le déficit hydrique s'accompagne de vagues de chaleur de plus en plus meurtrières et crée un contexte favorable aux mégafeux. Sont aussi régulièrement frappés la Chine du Nord, l'Iran, le sud de la Russie et l'Ukraine, le Maghreb, le Canada et la moitié nord des États-Unis.

Pour autant, les précipitations qui ne sont pas tombées là où on les attendait doivent se déverser quelque part, ce qui entraîne des inondations catastrophiques ailleurs. Par exemple au Japon, qui se retrouve souvent noyé par une combinaison de pluies intenses durant l'été et de cyclones surpuissants à l'automne. El Niño atteint généralement son apogée en hiver, noyant le Pérou et la Californie, arrosant copieusement la moitié sud des États-Unis, ainsi que l'Uruguay et l'Argentine. Suite à ces pluies importantes, les États aux infrastructures de santé insuffisantes subissent souvent des poussées épidémiques (choléra, paludisme…). Sans compter qu'El Niño accélère le cycle de l'eau. Plus il fait chaud, plus celui-ci, mû par l'évaporation, s'active – on considère que +1 °C d'augmentation des températures planétaires équivaut à +7 % de vapeur d'eau dans l'atmosphère, ce qui accroît les risques et l'intensité des inondations. Et El Niño amplifie enfin la violence des cyclones, typhons et autres ouragans, car ces vents tourbillonnaires sont pour les océans des structures dissipatives de chaleur. Plus l'eau de surface est chaude, plus ils seront violents. De tels vents se forment quand les températures de surface de la mer excèdent 26 ou 27 °C.

El Niño exerce un effet massif sur la vie marine, notamment le long de la côte sud-américaine du Pacifique. En temps normal, l'eau froide y remonte des profondeurs, riche en nutriments. Froide, car issue des grands fonds plongés dans les ténèbres, loin de tout apport d'énergie solaire. Et chargée en nutriments par le cycle du carbone océanique. D'ordinaire, les petits organismes morts près de la surface se décomposent et se reminéralisent alors qu'ils coulent lentement hors de la couche supérieure et éclairée de l'océan (dite zone euphotique). De même, les excréments des grands organismes (poissons, mammifères marins, oiseaux…) sombrent pour aller se décomposer en profondeur. Ce sont ces apports de nutriments et de carbone qui se retrouvent disponibles pour être absorbés par le phytoplancton, à condition qu'ils remontent en surface.

C'est au large du Pérou que cette eau froide et nourricière émerge et se mélange aux eaux chaudes de surface, créant un écosystème marin d'une biodiversité unique au monde. Y prospèrent poissons, crustacés, mammifères marins et oiseaux.

Mais El Niño brise net ces riches interdépendances. L'*upwelling* s'affaiblit, voire s'interrompt. La chaîne trophique se désintègre : sans nutriments venus des fonds marins, le phytoplancton (algues monocellulaires à la base de la chaîne alimentaire océanique) ne se multiplie pas, le zooplancton (minuscules crustacés) qui s'en nourrit d'ordinaire n'a plus rien à manger, les poissons à leur tour meurent de faim, comme les mammifères et oiseaux qui se nourrissent des précédents. Les eaux chaudes appellent d'autres espèces, plus à même d'y vivre, qui entrent en concurrence avec les autochtones. Adieu anchois, sardines, calmars et crevettes, les pêcheurs se retrouvent avec des filets aussi vides que leur ventre. Dans tout le Pacifique, les eaux chaudes de surface accélèrent le blanchissement des coraux, portant atteinte à des écosystèmes cruciaux.

Qui tire une carte chance ?

L'Europe est généralement moins affectée que le reste du monde par un phénomène El Niño – tout en n'étant pas à l'abri des conséquences géopolitiques d'un tel événement, du fait des répercussions qu'il a sur les autres continents, avec lesquels elle interagit. Quant aux États-Unis, ils figureraient parmi les rares « gagnants » de cette situation. Car en cas d'El Niño, leur moitié sud bénéficie fréquemment de précipitations augmentées, ce qui renforce souvent leur productivité agricole, à la notable exception de la Californie.

Cet État, l'une des grandes puissances économiques et technologiques mondiales, est, en revanche, souvent frappé d'inondations dantesques, et le nord des États-Unis, à l'instar de la moitié sud du Canada, se réchauffe fortement – ce qui crée des conditions favorables aux mégafeux. Enfin, le nord-est du Canada est assez souvent dévasté par un vortex polaire aggravé, une vague de froid glacial agissant en rétroaction de la chaleur apportée par El Niño, qui va ravager l'est du Canada et descendre jusqu'à New York. El Niño tend à réduire l'activité cyclonique dans l'Atlantique, mais à la renforcer dans le Pacifique central et oriental. Il y augmente la fréquence et la puissance des typhons, qui frappent notamment la Polynésie française.

Malgré tout cela, une étude[1] tend à montrer que si l'Afrique du Sud, l'Australie, l'Inde, l'Indonésie, la Nouvelle-Zélande et le Pérou accusent une baisse de courte durée de leur activité économique, les économies d'autres pays, tels les États-Unis, l'Argentine, le Canada et le Mexique, peuvent bénéficier des effets d'El Niño.

Nous voici rassurés. Sauf que nous écrivons à la mi-juillet 2023. Des vagues de chaleur sans précédent frappent l'essentiel de l'Asie, l'Amérique du Nord, l'Europe et l'Afrique du Nord. Les météorologues énumèrent les records absolus de température au fur et à mesure que les records établis lors des

1. Paul Cashin, Kamiar Mohaddes, Mehdi Raissi, « Fair Weather or Foul? The Macroeconomic Effects of El Niño », IMF Working Paper WP_15_89, avril 2015.

mesures antérieures sont pulvérisés, avec des écarts absolument inédits. Alors que l'Italie atteint 48,8 °C, loin des précédents records à 45 °C, la Chine dépasse les 52.2 °C, écrasant le précédent record de plus de 1,5 °C. En Grèce, au Canada, en Espagne et en Sibérie, les mégafeux ravagent les forêts, détruisant les infrastructures, obligeant à des évacuations massives. Le réveil d'El Niño aggraverait-il déjà le changement climatique, amplifié au niveau mondial par la chaleur excédentaire stockée dans les océans?

Et combien pourrait-il coûter? Une étude publiée par deux économistes le 17 mai 2023[1] avance un coût provisionnel pour l'El Niño 2023-2024 de 3 400 milliards de dollars au minimum – coût moyen des épisodes antérieurs, selon les auteurs. Ce qui implique que les coûts passés auraient été très largement sous-estimés, notamment parce que les études précédentes ne prenaient en compte que les dégâts infligés pendant l'épisode El Niño. Or les effets de ce phénomène sont persistants. Ainsi, les infrastructures détruites par les inondations en Amérique du Sud ont nécessité des années voire des décennies d'investissements publics pour être reconstruites, limitant les investissements dans des secteurs plus productifs, et leur non-opérabilité a ralenti l'activité économique, diminuant le PNB mondial. Les auteurs, analysant à nouveaux frais les El Niño intenses de 1982-1983 et de 1997-1998,

1. Christopher W. Callahan et Justin S. Mankin, « Persistent effect of El Niño on global economic growth », *Science*, 18 mai 2023.

aboutissent ainsi à des estimations de coûts astronomiques : 4 100 milliards de dollars pour le premier ; 5 700 milliards de dollars pour le second, alors que la Banque mondiale ne le chiffrait qu'à 45 milliards. Les auteurs rappellent enfin que les dommages sont inégalement répartis, les El Niño étant plus intenses sur des pays déjà rendus vulnérables par le manque de développement : Pérou, Équateur, Indonésie, Bangladesh et Philippines…

La polémique enfle : des climatologues soutiennent cette analyse, après s'être plaints depuis des décennies d'une sous-estimation massive des coûts des El Niño, alors que des économistes *mainstream* dénoncent une étude aux conclusions exagérées.

2
La découverte du monstre

On l'a vu, l'enfant terrible qu'est El Niño a été baptisé ainsi par des pêcheurs. À son origine, le terme fait référence à l'irruption d'un fort courant d'eau chaude qui se produit chaque année autour de Noël au large du Pérou et de l'Équateur. Mais ce «petit enfant» est en réalité un dragon.

Dans les années 1890, alors que s'impose une première météorologie scientifique, le terme El Niño prend une autre signification : il qualifie dès lors des réchauffements exceptionnellement forts qui surgissent par intervalle de quelques années sur les côtes latino-américaines du Pacifique. Ces événements El Niño ont pour conséquences observables de réduire les stocks de poissons, perturbant fortement les pêcheries locales, entraînant la mort massive d'oiseaux. Ils génèrent en sus des pluies torrentielles sur la côte pacifique de l'Amérique du Sud, causant des inondations destructrices comme des floraisons effervescentes dans les déserts côtiers.

Dans les années 1980, les chercheurs mettent en évidence que ces réchauffements côtiers et épisodes de fortes précipitations sont connectés à des réchauffements océaniques beaucoup plus étendus, qui se produisent sur toute la zone tropicale du Pacifique. Le terme El Niño change une troisième fois de sens : il est désormais synonyme de ces réchauffements océaniques étendus en raison de leurs impacts sur le climat mondial[1], phénomènes qui se produisent approximativement tous les trois à sept ans et durent généralement de douze à dix-huit mois.

Et la mousson cessa

On doit à sir Gilbert Walker (1868-1958) la première découverte qui allait mener à une révélation fondamentale : El Niño est capable d'affecter, voire d'interrompre la mousson d'été – ces pluies diluviennes qui irriguent annuellement l'Asie tropicale, des Philippines jusqu'au Pakistan, en passant par la Chine du Sud, l'Asie du Sud-Est, la Birmanie et l'Inde, et qui conditionnent aujourd'hui les capacités à se nourrir de 3,4 milliards de personnes, soit près de la moitié de l'humanité. Les Britanniques, dans leur entreprise de colonisation de l'Inde, avaient fondé diverses institutions scientifiques, dont le Service de météorologie indien (IMD, India Meteorological Department). Au sein de ce bureau s'était développée une théorie liant le volume de neige tombant sur l'Himalaya à l'intensité de la mousson indienne, à une époque où la science

1. George S. Philander, *El Niño, La Niña, and the Southern Oscillation*, San Diego CA, Academic Press, 1990.

météorologique balbutiante faisait des cycles d'activité solaire le principal moteur des variations climatiques terrestres[1]. Cet édifice conceptuel, formalisé dans les années 1870, échoua de manière spectaculaire à prévoir la grande sécheresse qui dévasta l'Inde de 1899 à 1901, alors que la famine emportait un million d'Indiens, selon un bilan sous-estimé des autorités coloniales, qu'il convient de multiplier par 10[2].

C'est dans ces conditions que Walker est envoyé en Inde. Recruté pour améliorer la prévision des catastrophes naturelles (sécheresses, mais aussi cyclones), ce physicien de formation, passé par Cambridge, n'est pas un météorologue, mais un statisticien réputé. Nommé directeur général de l'IMD dès 1904, il s'emploie à traquer mathématiquement les corrélations entre paramètres météorologiques. Il va compiler quinze ans durant des tableaux des relevés de températures, de pression et de pluviométrie sur le monde entier, développant des méthodes mathématiques d'analyse de séries temporelles connues aujourd'hui sous le nom d'équations Yule-Walker. Ce travail lui permet de dresser le portrait-robot de ce qui sera plus tard théorisé sous l'acronyme d'ENSO.

1. Mike Davis, *Génocides tropicaux. Catastrophes naturelles et famines coloniales (1870-1900) – Aux origines du sous-développement*, 2001, traduit de l'américain par Marc Saint-Upéry, Paris, La Découverte, 2003, rééd. «Poche», 2006, p. 239 et suiv.
2. *Ibid.*, p. 13.

À l'issue de ses travaux, Walker fait une découverte fondamentale, qu'il expose au fil de plusieurs publications dans les années 1920 : l'oscillation australe, à laquelle on sait aujourd'hui qu'est couplé El Niño. Si lui n'avait pas les moyens de le comprendre, il a cependant découvert que cette oscillation se conçoit comme un jeu de balance dans la pression atmosphérique qui règne à la surface du Pacifique. Sur une carte, séparez le Pacifique en deux parties plus ou moins égales, selon un axe longitudinal passant par la ligne de changement de dates, située un peu à l'ouest de Tahiti. Du côté de l'Australie et de l'Asie, c'est la zone Ouest. De l'autre côté, le Pacifique Est, jusqu'aux Amériques. Lors d'un épisode El Niño, quand les alizés s'affaiblissent le long de l'équateur, la pression atmosphérique augmente dans l'ouest du Pacifique et diminue dans l'est. Les alizés affaiblis permettent aux eaux chaudes de surface, normalement confinées à l'ouest du Pacifique, de migrer vers l'est, provoquant la hausse des températures de surface de l'océan Pacifique Ouest.

Quand le dogme règne

Malheureusement pour Walker, l'indice qu'il développa pour quantifier les variations de l'oscillation australe ne permettait en rien d'anticiper l'évolution des moussons. Car cet indicateur suit plutôt qu'il ne précède les précipitations de la mousson d'été indienne. Mais creusant son sujet, il mit en lumière des faits intrigants. Par exemple, la phase basse de l'oscillation australe était corrélée à des hivers chauds au Canada et à des conditions sèches en Afrique australe. Les sceptiques s'attachèrent à contester son travail. Puisqu'il n'existait aucun cadre conceptuel permettant d'expliquer des connexions climatiques à l'échelle planétaire, les thèses dominantes voulaient que les climats soient strictement régionaux et non en interaction[1].

Ironie de l'histoire : Walker mourut en 1958, alors que ses travaux sous-tendaient pour partie la première étude scientifique véritablement internationale des interconnexions entre océans mondiaux, atmosphère et surfaces terrestres, dans le cadre de l'Année géophysique internationale (IGY) 1957-1958[2]. Et par un double caprice du destin, 1957-1958 coïncida avec un fort événement El Niño. Cette conjonction mit en lumière un deuxième pionnier, Jacob Bjerknes.

Un thermomètre planétaire

Bjerknes était un météorologue norvégien, établi aux États-Unis juste avant la Seconde Guerre mondiale. Il avait assis sa réputation au mitan du XXe siècle en cofondant la science météorologique telle qu'elle est pratiquée aujourd'hui, apportant

1. *Quarterly Journal of the Royal Meteorological Society*, 1959, p. 185, cité par Michael J. McPhaden, « El Niño and La Niña: Causes and Global Consequences », *in* Ted Munn (dir.), *Encyclopedia of Global Environmental Change*, Hoboken NJ, Wiley, 2001, notre trad.
2. *Ibid.*

des contributions fondamentales à la compréhension des systèmes météorologiques aux latitudes moyennes et élevées. En utilisant les données de l'IGY dans les années 1960, Bjerknes est le premier à identifier la relation entre El Niño et l'oscillation australe, à proposer des mécanismes physiques par lesquels ils pourraient interagir, et à déceler certains effets d'El Niño en Amérique du Nord.

À la suite des travaux de Bjerknes et de ses collègues, plusieurs indices sont développés afin de déceler les poussées de fièvre planétaires d'El Niño, un peu comme un thermomètre permet de prendre la température d'un patient. Deux indicateurs sont aujourd'hui fréquemment utilisés :

1) L'indice de l'oscillation australe (SOI) est basé sur les écarts par rapport à la normale de la pression atmosphérique de surface à Tahiti, en Polynésie française, et à Darwin, dans le nord de l'Australie. La différence de pression entre Tahiti et Darwin fournit une mesure de la force de pression qui entraîne les alizés à travers le bassin du Pacifique. Lorsque cet indice est négatif (pression basse à Tahiti par rapport à Darwin), les alizés sont faibles – situation associée à un phénomène El Niño. Lorsque l'indice est positif, les alizés sont forts – situation associée à La Niña.

2) Un autre indice couramment utilisé pour surveiller El Niño est l'anomalie moyenne (la déviation par rapport à la normale) de la température de surface de la mer sur la zone située de 5° N à 5° S et de 90° O à 150° O (en gros, un rectangle aplati au

milieu du Pacifique). De grandes valeurs positives de cet indice définissent des conditions chaudes d'El Niño, tandis que de grandes valeurs négatives indiquent des conditions froides de La Niña. Les températures de surface chaudes sont fortement corrélées aux alizés faibles (valeurs négatives de l'indice SOI) et vice versa.

Ceci dit, dans les années 1960, l'urgence d'anticiper de futurs El Niño n'était pas encore comprise. Dans la première moitié du xxe siècle, après un épisode plutôt fort dans les années 1920, le rythme et l'intensité des phénomènes ENSO avaient décru. Il fallut attendre le réveil du monstre, au début des années 1970, pour que l'on commence à prendre la mesure des risques associés au phénomène.

3

La mesure du diable (1983-1998)

Cette prise de conscience s'opère de façon brutale. Au début des années 1970, le Pérou se trouve, par la vertu de l'*upwelling* Est-Pacifique, dans la position enviable de la nation de pêche la plus productive au monde. Pour le seul anchois, 12 millions de tonnes métriques sont prélevées annuellement, ce qui représente un cinquième du total mondial. L'essentiel des prises est exporté pour nourrir des volailles, et ce commerce représente près du tiers des revenus d'exportation du pays. Le El Niño de l'hiver 1972-1973 met un terme à cette position de leader, en réduisant à néant cette ressource déjà fragilisée par la surpêche.

L'effondrement de la pêcherie d'anchois péruvien est un cas d'école : plus d'une décennie après cet événement, les prises stagnaient encore entre le dixième et le tiers de ce qu'elles avaient été avant l'hiver fatidique[1]. Quant aux oiseaux de mer qui, en nombre exceptionnel, se nourrissaient de la providence de l'*anchoveta*, leur population plongea de 27,5 millions en 1970 à 1,8 million en 1973.

1. César N. Caviedes, *El Niño in History. Storming Through the Ages*, Gainesville FL, University Press of Florida, 2001, p. 18.

Même s'ils revinrent à 8 millions à partir de 1982, leur population n'a jamais plus passé le cap des 10 millions[1].

Économie : retour vers le réel

La pénurie d'anchois entraîna des effets en cascade. Faute de farine de petits poissons pour nourrir leurs poulets, nombre d'agriculteurs états-uniens mirent du soja en culture, au détriment de surfaces jusqu'ici consacrées au blé. Car le soja, culture plus lucrative que le blé, est une source alternative de protéines pour la volaille. Malheureusement, les sécheresses liées à El Niño avaient affecté les récoltes de blé dans de nombreux pays, notamment en Union soviétique. Explosion des prix un peu partout dans le monde, pénuries en aliments de base dans certains pays…

Ailleurs dans le monde, la sécheresse dans le Sahel, dont il est prouvé qu'El Niño aggrave fortement l'intensité, emporta entre 1972 et 1974 plus de 200 000 personnes et plus d'un million de têtes de bétail[2].

La réalité rattrapait les économistes, qui avaient depuis longtemps oublié que le climat pouvait être une variable clé des marchés. Portés par la prise de conscience des impacts économiques possibles, les efforts de recherche bénéficièrent de financements importants dans la décennie suivant l'hiver

1. *Ibid.*, p. 18.
2. *Ibid.*, p. 114.

1972-1973. Cet effort international de recherche devait trouver sa consécration avec l'étude TOGA (Tropical Océan - Global Atmosphere), de 1985 à 1994.

Mais, en 1982-1983, alors que la recherche s'acharnait à documenter les potentiels signaux précurseurs, El Niño frappa sans avoir été détecté. D'une intensité inégalée depuis plus d'un siècle, cet épisode infligea un camouflet aux spécialistes et contribua à provoquer une famine au nord de l'Éthiopie. Le réchauffement des eaux de surface fut tel que, sans avertissement, six cyclones ravagèrent la Polynésie française, pourtant peu sujette aux tempêtes tropicales intenses[1].

Le règne de l'imprévisible

Bien au-delà des atolls de Polynésie, cet El Niño laissa une traînée de dévastation mondiale dans son sillage. Ceci s'explique aussi par la lenteur du traitement des informations. Avant la mise en place de l'étude TOGA, la plupart des données océanographiques n'étaient disponibles pour analyse que des mois, voire des années après leur collecte. Une poignée d'indices océaniques et météorologiques collectés depuis des îles et des navires observateurs volontaires avaient bien suggéré le développement de conditions inhabituellement chaudes dès juin 1982, mais les experts avaient écarté ces rapports

1. T.Y. Canby, «El Niño's Ill Wind», *National Geographic*, n° 165(2), 1984, p. 144-183, cité par Michael J. McPhaden, 2001, *op. cit.*

qu'ils jugeaient erronés. Car le El Niño de 1982-1983 était atypique. Il n'avait pas affecté les alizés, et aucun réchauffement n'était visible sur la côte ouest de l'Amérique du Sud au début de 1982. Or ces deux indices étaient considérés à l'époque comme des précurseurs nécessaires d'un El Niño imminent. Sans compter qu'en mars-avril 1982 la violente éruption du volcan mexicain El Chichón avait envoyé un énorme nuage d'aérosols refroidir la basse stratosphère, entre 15 et 25 kilomètres d'altitude. Étalé autour du globe par les vents, ce nuage avait abusé les satellites mesurant les températures de surface des océans, les faisant paraître plus froides qu'elles ne l'étaient, masquant les signaux précurseurs d'El Niño.

En Amérique du Sud, la sécheresse débuta précocement fin 1981, fut aggravée en 1982 et persista jusqu'en 1983. El Niño assécha l'atmosphère sur une vaste région, des Andes péruviennes jusqu'au nord du Chili, en passant par l'Altiplano bolivien. On vit les herbes disparaître, les lacs se désintégrer. Moutons et lamas périrent de soif, leurs carcasses pourrissant près des points d'eau asséchés. Souvent, les villageois abattirent leurs bêtes sitôt qu'elles ne donnaient plus de lait, pour vendre la viande pendant qu'il en était encore temps. La situation s'aggravant, les réseaux de solidarité entre villages auraient dû prendre le relais, les plus affectés trouvant refuge chez des parents éloignés. Mais l'étendue et l'intensité exceptionnelles de cette sécheresse réduisaient à néant ces mécanismes d'aide informelle. Les villes de La Paz, Cuzco, Arequipa et Lima furent submergées par les réfugiés des plateaux[1].

Dans la moitié nord de l'Afrique subsaharienne, où les pluies déclinaient depuis les années 1970, l'El Niño 1982-1983 précipita 250 millions de personnes supplémentaires dans la précarité alimentaire[2]. L'Australie, traditionnellement asséchée en cas d'El Niño, connut une telle baisse de ses ressources hydrauliques que sa production de céréales et de sucre de canne encaissa un déficit estimé à 500 millions de dollars australiens, alors que les feux de forêts tuaient 49 personnes.

À l'issue de ce choc climatique, l'océan Pacifique fut mis sous surveillance. Des réseaux de bouées, tantôt fixes tantôt dérivantes, et des marégraphes insulaires et côtiers collectèrent une marée de données, complétées par des missions d'observation à bord de navires, alors que les satellites scrutaient avec une précision croissante les évolutions de l'océan et de l'atmosphère. Des modèles informatiques virent le jour dans l'objectif d'anticiper les événements El Niño et La Niña avec des délais allant jusqu'à un an. En décembre 1994, à l'expiration du programme TOGA, le système d'observation ENSO fut prolongé sous divers noms. Il est toujours actif.

L'El Niño de l'hiver 1986-1987 fut le premier à être prédit avec succès grâce à ces techniques. Les scientifiques furent pleinement récompensés lors

1. César N. Caviedes, *op. cit.*, p. 98.
2. *Ibid.*, p. 114.

de l'El Niño 1997-1998. Celui-ci fut un des plus intenses de l'histoire, ne cédant en virulence qu'aux épisodes de 1877-1878 et 1982-1982. Rendus possibles par les nouvelles techniques de prévision, les avertissements sur les impacts imminents autorisèrent des efforts de planification dans certains pays, ce qui réduisit les dommages. La communauté des météorologues put suivre au jour le jour le développement de cet El Niño monstrueux avec un niveau de détail inégalé.

Menace sur les coraux

L'épisode 1997-1998 se révéla très destructeur pour les récifs coralliens proches de la surface[1]. Ceux-ci prospèrent dans une plage de température comprise entre 18 et 28 °C. Lorsque la température excède le seuil supérieur, les coraux expulsent les algues symbiotiques qui résident dans leurs polypes et blanchissent. Car ce sont ces algues qui colorient les coraux sains. Mais vivant en symbiose avec les coraux, elles font bien davantage : leurs sous-produits métaboliques sont essentiels à la survie de leurs hôtes. Les coraux peuvent s'en remettre si l'épisode ne dure pas trop longtemps. Mais si la température de l'eau reste élevée plusieurs années de suite, les récifs coralliens meurent.

Or ceux-ci offrent un milieu privilégié pour la reproduction des poissons. On estime qu'ils

1. On ne parlera pas ici des exceptions que constituent les coraux profonds.

occupent moins de 0,25 % de la surface des océans, mais qu'ils jouent un rôle crucial pour l'équilibre des écosystèmes marins. Plus d'un demi-milliard d'humains en dépendent directement pour leur subsistance. En 1998, les coraux ont massivement blanchi autour des îles Galápagos, le long de la côte du Panama, dans la Grande Barrière de corail d'Australie et sur nombre d'atolls du Pacifique. Sachant que la moitié des coraux a disparu ces quarante dernières années du fait des activités humaines, et qu'une étude estime que plus de 99 % des coraux survivants disparaîtront lorsque nous atteindrons 1,5 °C de réchauffement[1]... autant dire qu'El Niño, amplifiant les effets du changement climatique anthropique, a de fortes probabilités d'accélérer leur extinction de quelques années et les cascades de conséquences qui en découleront.

Aussi, même anticipé, El Niño 1997-1998 impacta fortement la vie de dizaines de millions de personnes. Partout dans le monde, il perturba lourdement l'agriculture, la sylviculture, la pêche, les transports, les communications, la production d'énergie, la santé publique et d'autres domaines de l'activité humaine, qui se révélaient sensibles au climat. Il mit en flammes les forêts tropicales d'Indonésie et d'Amazonie, accélérant les spirales de destruction visant à exploiter le terrain qu'occupaient les arbres à des fins agricoles (huile de palme, soja, pâturage pour les bovins...). Entre

1. Adele Dixon *et al.*, « Future loss of local-scale thermal refugia in coral reef ecosystems », *Plos Climate*, 1er février 2022.

catastrophes météorologiques et épidémies, son coût total est estimé à plus de 22 000 morts dans le monde et à 36 milliards de dollars de pertes économiques[1].

1997-1998, un bilan plombé

Concrètement, l'épisode 1997-1998 s'est traduit par des pluies torrentielles et des inondations en Californie et au sud-est des États-Unis, en Afrique de l'Est équatoriale et au Chili. La sécheresse a régné en Papouasie-Nouvelle-Guinée, en Indonésie, en Amérique centrale et dans le nord-est du Brésil[2]. La Nouvelle-Guinée connut d'importantes tensions alimentaires, ce qui obligea à déployer des secours internationaux. En Indonésie, la sécheresse entraîna des incendies de forêts monstrueux sur une surface de 10 millions de kilomètres carrés, couvrant une partie de l'Asie d'un smog mortel des mois durant, provoquant des troubles respiratoires généralisés et contribuant à des catastrophes aériennes et maritimes. Des niveaux d'eau anormalement bas dans les lacs qui alimentent le canal de Panama obligèrent les responsables à y restreindre la circulation. Entre sécheresses et inondations, d'innombrables récoltes furent perdues, des cheptels décimés.

En Asie du Sud-Est, en Amérique du Sud et en Afrique, nombre de pays aux infrastructures

1. Sponberg, 1999, cité par McPhaden, 2001.
2. Supplee, 1999 ; WMO, 1999 ; cités par McPhaden, 2001.

publiques défaillantes furent durement frappés. Les inondations laissèrent dans leur sillage une eau contaminée, entraînant des épidémies de choléra et de dysenterie. Les mares d'eau stagnante créées par les pluies fournissaient des lieux de reproduction idéaux pour les moustiques, causant une recrudescence de maladies infectieuses comme le paludisme et la dengue. Les inondations détruisirent ou endommagèrent des routes, des ponts, des bâtiments, des lignes de téléphone et d'électricité un peu partout dans le monde. Des milliers de gens perdirent leur maison et des biens personnels en raison de tempêtes, d'inondations et de glissements de terrain. À l'inverse, la production d'énergie hydroélectrique chuta dans les régions où les débits des cours d'eau furent sévèrement affectés par le manque de précipitation. De nombreuses entreprises perdirent des revenus en raison de fermetures liées à la météo, de pénuries de marchandises ou de changements dans la demande pour les biens de consommation. Le tourisme fut frappé de plein fouet dans le sud de la Californie et la Floride, soumis à des conditions météorologiques extrêmes. La capture de l'*anchoveta* péruvienne chuta, comme lors des précédentes années El Niño, et la pêche en fut brièvement interdite par décret gouvernemental – une mesure visant à limiter l'épuisement du stock restant. En Basse-Californie (Mexique), trois des quatre principales pêcheries (thon, calamar, sardine) connurent d'importantes difficultés liées à l'effondrement des prises.

El Niño 1997-1998 fit néanmoins quelques « gagnants », en particulier en Amérique du Nord, à commencer par les pêcheurs de crevettes de Basse-Californie, qui virent leurs prises multipliées par 8[1]. La migration vers le nord des espèces de poissons d'eau chaude comme le marlin, le thon et le mahi-mahi fut une aubaine pour la pêche sportive sur la côte ouest des États-Unis. La saison des ouragans sur l'Atlantique fut réduite à presque rien, ce qui limita les pertes assurantielles. L'hiver plus doux que la normale sur le nord des États-Unis et le Canada limita le montant de factures de chauffage. Pour l'ensemble des États-Unis, il a été estimé que l'El Niño de 1997-1998 a produit un gain économique net d'environ 16 milliards de dollars et entraîné 650 décès de moins qu'il n'en serait survenu autrement[2].

El Niño 1997-1998 a mis en évidence les vulnérabilités sociétales face aux fluctuations climatiques. Il a également démontré que les pertes et les gains sont répartis de manière inégale entre les secteurs économiques et les frontières nationales.

1. WMO, 1999, cité par McPhaden, 2001.
2. Changnon, 1999, cité par McPhaden, 2001.

4
La famine, arme coloniale (XIXe siècle)

Tenter de comprendre les conséquences des El Niño passés est un défi compliqué, auquel aucun auteur francophone, à ce jour, ne s'est aventuré. Quelques chercheurs anglo-saxons s'y sont essayés. Les plus connus sont l'historien britannique Richard Grove (1955-2020), dont le travail fut complété et prolongé par son compatriote géographe George Adamson à partir de 2012[1]. L'archéologue et essayiste britannique Brian M. Fagan[2]. Et le géographe César N. Caviedes[3]. Dans les chapitres qui suivent, nous allons recourir au travail de ces auteurs pour répondre à la question : El Niño a-t-il créé des ruptures, voire des effondrements civilisationnels, dans le passé ?

El Niño connut trois épisodes majeurs à la fin du XIXe siècle, qui provoquèrent des sécheresses et des famines aux conséquences inégalées dans l'histoire en Inde et en Chine : ils ont causé la mort de 30 à 60 millions de personnes. Pour comprendre

---

1. Richard Grove, George Adamson, *El Niño in World History*, Londres, Palgrave Macmillan, rééd. 2018.
2. Brian M. Fagan, *Floods, Famines, and Emperors. El Niño and the Fate of Civilizations*, Philadelphia PA, Basic Books, 1999, rééd. 2009.
3. César N. Caviedes, *El Niño in History, op. cit.*

la violence exceptionnelle de ces événements, nous allons utiliser un ouvrage fondamental, de l'historien et théoricien marxiste états-unien Mike Davis (1946-2022), *Génocides tropicaux*[1]. L'auteur pose une thèse fondamentale : selon lui, le climat détraqué par El Niño n'est pas l'agent majeur de destruction. C'est à la politique expansionniste des puissances coloniales, à leur aveuglement idéologique et à leur capacité à exploiter les circonstances météorologiques pour affaiblir voire soumettre les institutions indiennes et chinoises, que l'on doit attribuer cette hécatombe.

L'Inde en feu

En 1901, à la veille de la mort de l'impératrice Victoria après plus de soixante-trois années de règne, le journaliste radical William Digby revint sur la famine qui dévasta l'Inde à partir de 1876. Lorsque « le rôle joué par l'empire britannique au XIXe siècle sera examiné par les historiens avec cinquante ans de recul, écrivit-il, la mort inutile de millions d'Indiens en sera considérée comme l'expression la plus monumentale[2] ».

Davis décrit, au fil d'une enquête d'une très grande rigueur, les souffrances humaines innombrables causées par une série de conditions climatiques extrêmes frappant la planète entre 1876 et 1879, puis 1896 et 1902. Il les corrèle à trois

1. Mike Davis, *Génocides tropicaux, op. cit.*
2. *Ibid.*, p. 14.

épisodes extrêmement intenses d'El Niño : 1877-1878, le El Niño de tous les records ; 1891-1892 ; et 1897-1900, avec soit une longue période El Niño, soit plus probablement un El Niño faible en 1897-1898, prolongé par un El Niño aussi violent que bref en 1899. L'auteur remet ces événements dans leur contexte : la Grande-Bretagne a parachevé sa conquête de l'Inde et entreprend d'en exploiter les ressources à outrance ; Grande-Bretagne, France, États-Unis, Japon et Russie s'emploient à déstabiliser la Chine pour la dépecer ; les puissances d'Europe de l'Ouest sont en concurrence pour le partage de l'Afrique ; Russie et Grande-Bretagne sont engagées dans le « Grand Jeu », rivalisant d'ingéniosité pour vassaliser la Perse (Iran) et l'Afghanistan. Surgit alors El Niño. Davis soutient que les impérialismes européens ont rendu l'Inde, la Chine, l'Égypte, le Brésil et l'Afrique australe extrêmement vulnérables aux fluctuations du climat, en forçant leurs économies à s'intégrer dans le marché mondial, sans avoir au préalable transformé radicalement leurs structures agricoles.

C'est dans ce contexte que les moussons s'interrompent en 1876, plongeant dans une sécheresse apocalyptique l'Afrique australe, le nord-est du Brésil et la Corne de l'Afrique, ce qui stoppe les crues du Nil et entraîne l'Égypte dans la famine. Cet arrêt de la mousson assèche aussi l'Inde centrale ainsi que la moitié nord de la Chine. Le nombre de morts est stupéfiant : entre 10 et 20 millions de Chinois et entre 6 et 10 millions d'Indiens pour les seules années 1876-1878. Pour Davis donc, ces taux de mortalité effarants ne sont pas dus au climat, mais aux politiques menées par les Empires coloniaux : leur volonté d'imposer l'économie de marché au monde entier les entraîna à commettre de véritables génocides, culturels (en privant les peuples soumis des mécanismes de solidarité antérieurs) et physiques (en poussant les colonies à produire des cultures de rente importées vers les métropoles).

Deux exemples parmi des centaines :

1) Des El Niño d'importance similaire avaient frappé l'Inde et la Chine aux siècles précédents, quand les Empires moghol (Inde) et Qing (Chine) étaient institutionnellement solides. Leurs effets avaient été atténués voire annulés par l'existence de greniers à grains stockant d'un à deux ans de réserve alimentaire, qui étaient distribuée gratuitement ou à des prix fixes, selon des logistiques éprouvées, sous le contrôle scrupuleux d'États redoutant les troubles sociaux entraînés par les famines.

2) Au moment où des millions d'Indiens agonisent, où des provinces entières se voient envahies, selon les témoignages de l'époque, par des hordes de « squelettes vivants » en quête désespérée de nourriture, les mêmes provinces envoient en masse du blé vers l'Angleterre – et ce blé est produit sur les terres qui garantissaient autrefois aux populations des cultures vivrières et des espaces de pâturage pour les vaches laitières, tout en détournant l'eau accumulée dans les réservoirs.

La famine, climatique ou politique ?

Résumons ce que les économistes du développement savent depuis longtemps : la sécheresse n'entraîne pas nécessairement la famine ; des stocks bien garnis et une distribution efficace peuvent limiter les dégâts. Mais au XIXe siècle, la sécheresse a été utilisée par les Anglais en Inde de façon implacable comme un outil pour mieux asseoir leur autorité politique et économique. Cela évoque la « stratégie du choc » théorisée par l'essayiste canadienne de gauche Naomi Klein[1] : une politique libérale entraîne une déstructuration des sociétés, un choc (souvent climatique) aggrave la situation, et les élites (ici coloniales) réagissent de manière idéologique, en estimant que la famine n'est pas liée à l'imposition d'une politique libérale, mais à son imparfaite implémentation. En conséquence de quoi, au lieu de distribuer de l'aide alimentaire, on va combattre les tentatives d'organiser l'assistanat sous prétexte qu'elles entravent le libre marché. Le tout aggrave la situation et condamne à l'agonie des millions de victimes.

Le cas de lord Robert Lytton illustre parfaitement cette stratégie impérialiste. En 1876, ce favori de la reine Victoria exerce la charge de vice-roi des Indes, alors qu'il a été dénoncé plusieurs fois comme fou par d'anciens membres de son administration. Il

1. Naomi Klein, *La stratégie du choc. La montée d'un capitalisme du désastre*, traduit de l'anglais par Lori Saint-Martin et Paul Gagné, Arles, Actes Sud, 2008, rééd. 2015.

réside à Madras, à l'épicentre de la famine, où les rues sont envahies de gens mourant littéralement de faim. Comme de nombreux administrateurs anglais, Lytton est un partisan convaincu du malthusianisme. Il défend que la famine apporte la réponse de la nature à la surpopulation indienne. Il a donc interdit à ses subordonnés de faire quoi que ce soit pour soulager les souffrances des millions de paysans affamés, et se concentre sur la préparation de l'investiture de la reine Victoria en tant qu'impératrice des Indes. Le point culminant des célébrations sera marqué par le plus grand festin attesté dans l'histoire mondiale : trois jours durant, 68 000 dignitaires britanniques et élites locales vont festoyer, alors que se déchaîne l'une des pires famines de l'histoire de l'Inde ! Ubu roi jusqu'au bout, Lytton ne manquera pas en sus d'augmenter les impôts, afin de financer ses caprices d'expédition militaire en Afghanistan.

Lytton cherche aussi à moderniser l'économie indienne par le libre-échange[1]. Ainsi, les chemins de fer nouvellement construits permettent aux élites locales, devenues percepteurs (*zamindar*) pour la puissance coloniale, de mettre la main sur les réserves céréalières, les terres, le foncier, en jouant de l'endettement et de la possibilité d'envoyer le grain, par voie ferroviaire, là où il peut se vendre plus cher. Loin de garantir qu'une famine soit combattue par le transfert de grains d'une province à une autre, le libre marché du grain et la

1. Voir par exemple Éric Paul Meyer, *Une histoire de l'Inde. Les Indiens face à leur passé*, Paris, Albin Michel, 2007.

circulation plus rapide de l'information par voie télégraphique vident les provinces nécessiteuses de leurs ressources au profit de celles qui en ont le moins besoin mais peuvent payer plus cher.

Ce drame climatique et impérialiste va se répéter entre 1896 et 1902, les famines se prolongeant pour plusieurs raisons. Le retour des pluies entraîne souvent des invasions de sauterelles, qui dévastent les premières récoltes. On ne trouve pas forcément de semences, le bétail a souvent été dévoré jusqu'à la dernière tête, quand tous les animaux ne sont pas morts de soif. Les paysans ont quitté ou vendu leurs champs, ou sont morts, et cette perte de savoir-faire et de main-d'œuvre peut entraîner des décès supplémentaires. Bref, les conséquences des El Niño débordent souvent les douze à dix-huit mois de leur durée effective.

Davis enrichit sa démonstration de multiples témoignages atroces. À titre d'échantillon, citons Pierre Loti, visitant le Rajputana, correspondant à l'actuel Rajasthan, nord-ouest de l'Inde, en 1899 :

> Et au premier village où on s'arrête [...], une clameur monte, une clameur très spéciale, qui tout de suite vous glace, avant même qu'on ait bien compris. C'est l'horrible chanson qui commence, qui ne vous quittera plus. On est entré dans le pays de la faim. Il n'y a guère que des voix enfantines, et cela ressemblerait presque au tumulte d'une école en récréation, mais avec on ne sait quoi d'éraillé, d'épuisé, de glapissant, qui fait mal à entendre...

> Oh ! Les pauvres petits êtres, se pressant là contre la barrière, et tendant vers nous leurs mains desséchées, au bout des os qui sont leurs bras ! Sous leur peau brune, aux plis retombants, tout leur frêle squelette se dessine, à faire peur ; on dirait qu'ils n'ont pas d'entrailles, tant leur ventre est plat, et des mouches se sont collées à leurs paupières, à leurs lèvres, pour y boire ce qui reste d'humidité[1].

La Chine du Nord est elle-même dévastée par des successions de sécheresses aux proportions bibliques déclenchées par El Niño, alors que le pays est fragilisé par les agressions militaires des puissances occidentales (guerres de l'Opium, 1839-1842 et 1856-1860) et la menace coloniale du Japon, les épidémies, les multiples rébellions (la seule révolte des Taiping, de 1851 à 1864, cause environ 30 millions de morts). Entre 1896-1902, les famines tuent 6 à 19 millions d'Indiens et environ 10 millions de Chinois.

Entre pathogènes et messianismes

Ces événements El Niño ont également favorisé de multiples épisodes épidémiques, notamment de choléra, mais aussi de variole ou de béribéri. Partout où El Niño frappe, les troubles climatico-politiques qu'il entraîne se traduisent par des explosions millénaristes. Par exemple, le mouvement mystique des

1. Mike Davis, *op. cit.*, p. 185.

Boxers, qui appelle à libérer la Chine de l'emprise des démons étrangers par une pratique ascétique des arts martiaux, connaît un essor fulgurant entre 1899 et 1901. Les Boxers accueillent tous ceux qui le souhaitent, et leur puissante organisation garantit que les adeptes accèdent à suffisamment de nourriture pour survivre… et contraindre sous la menace les riches à se délester des provisions qu'ils ont engrangées. Le pouvoir impérial chinois, sur le point de s'effondrer face aux revendications de ce mouvement eschatologique, est contraint de faire appel aux puissances occidentales pour maintenir l'ordre. Et de leur céder en compensation de larges pans de souveraineté supplémentaire, ce qui aboutira à l'effondrement de la dynastie impériale en 1911[1].

La Chine ne l'a pas oublié. Le programme scolaire des petits Chinois d'aujourd'hui leur martèle la violence des accords inégaux que leurs ancêtres furent contraints de signer au XIXe siècle, alors que trois El Niño majeurs jouaient le rôle d'accélérateurs de l'histoire.

1. Paul A. Cohen, *History in Three Keys. The Boxers as Event, Experience and Myth*, New York, Columbia University Press, 1998.

5
El Niño s'en va-t'en guerre

Les El Niño intenses sont dévastateurs. Quand ils émergent, leurs effets s'entremêlent à toutes les tensions qui leur préexistent, dont les crises géopolitiques et les guerres. C'est ce que l'on va voir avec la conquête de l'Empire inca par Pizarro, la « crise globale » du XVIIe siècle et les grandes guerres européennes et mondiales des XIXe et XXe siècles.

Posons au préalable quelques précautions méthodologiques. Avant 1970, nous ne savons pas avec certitude si telle ou telle sécheresse en Inde ou au Brésil est attribuable à El Niño. Dans les années 1970, l'océanographe William H. Quinn avait compulsé les archives péruviennes et proposé une chronologie des El Niño depuis 1532, en se basant sur des analogies : quand tel chroniqueur voyait fleurir le désert, se plaignait des effets dévastateurs des crues ou évoquait la multiplication de sauterelles voraces, alors l'année décrite avait une probabilité quantifiable d'être une année El Niño.

Le travail de Quinn fut enrichi par ses collaborateurs, sa chronologie connut de nombreuses actualisations. Nous allons nous baser sur une des plus récentes, révisée par Luc Ortlieb en 2000[1]. Selon ce dernier document, les El Niño cernés par Quinn aux XVIe, XVIIe et XVIIIe siècles sont trop insuffisamment documentés pour être certains, à l'exception importante de l'épisode intense de 1792, qui bénéficie de tellement de témoignages croisés que sa probabilité est extrêmement forte. Même enrichie d'indices archéologiques (*proxies*), notre capacité à lier événements historiques et événements El Niño est la suivante : toute connexion antérieure à 1792 n'est pas certaine, même si des associations sont évocables au conditionnel et que d'importantes corrélations peuvent être établies. Toute connexion entre 1792 et 1870 peut être considérée comme probable, à partir du moment où des témoignages convergents attestent de manifestations météorologiques fréquemment associées à El Niño dans de nombreuses parties du monde. Avec ces nuances en tête, nous allons maintenant explorer les impacts exercés par les troubles climatiques sur quelques-uns des conflits jalonnant les cinq derniers siècles.

El Niño a-t-il contribué à la défaite des Incas ?

La conséquence immédiate de ces précautions météorologiques est de ne citer certaines anecdotes

1. Luc Ortlieb, « The documented historical record of El Niño events in Peru: An update of the Quinn record (sixteenth through nineteenth centuries) », *in* Henry F. Diaz, Vera Markgraf (dir.), *El Niño and the Southern Oscillation: Multiscale Variability and Global and Regional Impacts*, Cambridge University Press, Cambridge, 2000, chap. 7, p. 207-296.

qu'à titre conditionnel. Il est ainsi possible qu'El Niño ait aidé Francisco Pizarro à conquérir l'Empire inca. Nous sommes en 1532. Depuis dix ans, le conquistador Pizarro s'efforce de voguer depuis Panama vers le royaume de « Birú », futur Pérou que ses informateurs amérindiens lui ont décrit comme croulant sous l'or et l'argent. À deux reprises, ses navires ont été repoussés par des bourrasques. Fin 1531, il débarque enfin dans l'actuel Équateur, après une traversée éclair sous des vents favorables. En temps normal, le désert de Sechura s'étend entre lui et sa proie. Mais les rivières débordent, et le désert a fleuri, ce qui va permettre à ses hommes de s'enfoncer sans encombre dans l'Empire inca et de s'emparer par traîtrise de son jeune dirigeant, l'Inca Atahualpa. La suite est connue : les Espagnols mettent la main sur un des empires les plus riches de la planète, incapable de se défendre contre ses assaillants, car il est fatalement désorganisé par la capture de son chef, puis par la guerre civile et les pandémies dévastatrices apportées par les envahisseurs.

Dès 1895, le géologue états-unien A.E. Sears suggère que l'expédition de Pizarro a été rendue possible par des conditions météorologiques typiques d'un El Niño. L'idée a été souvent reprise[1], bien que les chroniqueurs ne soient pas assez précis dans leur description pour que l'on ait la certitude d'un épisode El Niño 1531-1532.

1. César N. Caviedes, *op. cit.*, p. 42 et suiv.

Des effets du chaud-froid sur les armées

On sait qu'entre 1530 et 1799, la façade Atlantique de l'Europe fut très fréquemment balayée par des tempêtes exceptionnelles, notamment durant les années 1588, 1694, 1703, 1717, 1756, 1792 et 1795, selon l'analyse du météorologue Hubert H. Lamb[1]. On sait aussi que ces événements météorologiques extrêmes, typiques du Petit Âge glaciaire, ont affecté les polders des Pays-Bas et causé un nombre important de naufrages.

C'est aussi en 1588 que la capitale impériale de Fatehpur-Sikri, en Inde du Nord, est abandonnée, seize ans à peine après son édification par le Grand Moghol Akbar. Deux raisons semblent avoir présidé à ce choix : l'assèchement des réservoirs d'eau et des nappes phréatiques, et le besoin militaire d'installer la cour à Lahore (actuel Pakistan), plus proche des turbulentes tribus afghanes. Toujours en 1588, c'est en septembre que l'Invincible Armada espagnole est frappée par une violente tempête. Elle parachève les effets du harcèlement des navires britanniques. Plus maniables que ceux des Espagnols, équipés de canons plus performants, ils sont aussi pilotés par des marins bien plus au fait des risques nautiques dans les mers de Grande-Bretagne.

L'historien Geoffrey Parker[2] a dressé un tableau saisissant des conflits qui ont déchiré le XVIIe siècle,

---

1. Hubert H. Lamb, *Climate: Present, Past and Future*, vol. 2, Abingdon, Routledge, rééd. 2012, cité par Richard Grove et George Adamson, *op. cit.*
2. Geoffrey Parker, *Global Crisis. War, Climate Change and*

en soulignant le rôle joué par les événements climatiques extrêmes qui se sont alors multipliés et ont exacerbé les tensions sociales et politiques. Dans toute l'Eurasie, ainsi qu'en Amérique et en Afrique, émergent des schémas similaires : les années de sécheresse se succèdent, les hivers rigoureux et les aléas climatiques (sécheresses, longues périodes de pluie, inondations…) s'enchaînent. Dans la Turquie comme dans la Russie du tout début du XVIIe siècle, il s'écoule plusieurs années consécutives de récoltes perdues, qui entraînent la disparition d'environ le tiers des populations. Les Empires russes, ottomans et chinois, pourtant puissances majeures, manquent de s'effondrer. Le « temps des troubles » (*Smuta* en russe), la rébellion des *Celalî* en Turquie[1] ou les « bourbiers » chinois[2] riment avec guerres civiles, révoltes paysannes, invasions étrangères et famines généralisées… La violence atteint des niveaux apocalyptiques, égalés en Europe occidentale par la seule guerre de Trente Ans (1618-1648), durant laquelle le Saint-Empire germanique perd le quart de ses habitants, alors

Catastrophe in the Seventeenth Century, New Haven/Londres, Yale University Press, 2013.

1. Voir notamment Sam White, *The Climate of Rebellion in Ottoman Empire*, Cambridge, Cambridge University Press, 2011.

2. Notion développée par l'historien Tim Brook pour montrer comment de longues périodes de désastres climatiques ont constitué le terrain d'un effondrement des structures sociales, économiques et politiques chinoises. Voir T. Brook, « La Chine, matrice du monde moderne », 2011, http://blogs.histoireglobale.com/la-chine-matrice-du-monde-moderne_935

que la dynastie Ming s'effondre face à l'invasion mandchoue de la Chine (1644).

C'est le moment où le Petit Âge glaciaire atteint son apogée de froidure. Y concourent trois phénomènes refroidissant la planète : des super-éruptions volcaniques, du Huaynaputina (Pérou, 1600) au Mélébingóy (Philippines, 1641), envoient des aérosols soufrés dans la stratosphère ; l'activité solaire atteint un minimum, dit de Maunder, entre 1645 et 1715, amoindrissant l'énergie solaire reçue par la Terre ; et les Amériques, dépeuplées par les pandémies, voient leurs surfaces reforestées, ce qui capte plusieurs gigatonnes de CO_2[1]. La succession apparemment très rapide des épisodes El Niño contribue au chaos climatique, obligeant les agriculteurs à faire face à des alternances annuelles de sécheresses totales, qui assèchent jusqu'aux grands fleuves, et d'hivers prolongés, qui détruisent les semis en se prolongeant tard.

Partout, l'effondrement économique empêche les populations appauvries de répondre aux exigences fiscales des États, et les populations dénutries sont des proies faciles pour les épidémies, notamment de variole et de peste. Certains États parviennent à garantir leur stabilité, soit en exportant leur savoir-faire militaire (Suède), soit en s'isolant du reste du monde sous la férule autoritaire

1. Alexander Koch, Chris Brierley, Mark M. Maslin et Simon L. Lewis (2019), « Earth system impacts of the European arrival and Great Dying in the Americas after 1492 », *Quaternary Science Reviews*, 207, p. 13-36.

d'une aristocratie guerrière (le Japon des shoguns Tokugawa)[1].

Le pire ennemi de Napoléon, d'Hitler et du Négus

La fin d'El Niño est fréquemment associée au retour de La Niña, ce qui entraîne des hivers inhabituellement froids en Europe du Nord et en Russie. Bien évidemment, Napoléon l'ignore alors que sa Grande Armée de 424 000 hommes quitte Kaunas (Lituanie) pour marcher sur la Russie durant l'été 1812. La politique de terre brûlée menée par les Russes et l'incendie de Moscou par ses défenseurs pour empêcher les Français d'y trouver vivres et abri contraignent l'empereur à la retraite à la mi-octobre. C'est alors que La Niña entre en scène. Le froid glacial et les contre-attaques russes brisent définitivement les ambitions de Bonaparte. La déroute s'ensuit, les organismes affaiblis des soldats offrant un terrain de choix au typhus. Entre les morts, les prisonniers et les déserteurs, c'est une armée de moins de 10 000 hommes qui parvient à rallier Vilnius fin 1812. Deux ans plus tard, Napoléon négocie sa reddition à Fontainebleau.

Cent trente ans plus tard, toujours en Russie, une configuration climatico-militaire analogue entraîne la chute d'un autre envahisseur. Après le El Niño de 1811-1812 comme après celui de 1941-1942, la bascule La Niña offre aux défenseurs russes l'appui

1. Pour un panorama de ces événements, voir Laurent Testot, *Cataclysmes, op. cit.*

d'un général hiver qui fait geler à mort les chevaux et aussi, dans le cas des Allemands, les moteurs, enrayant la puissante chaîne logistique qui garantissait la performance des armées napoléoniennes comme allemandes. En tentant de faire sauter le verrou de Stalingrad, le général Paulus s'y retrouve encerclé par l'Armée rouge, qui parvient à s'adapter tant aux capacités allemandes qu'au froid du terrible hiver russe.

El Niño, l'Afrique et la guerre froide

Plus récemment, El Niño a accompagné plusieurs fins de règne brutales, notamment dans la Corne de l'Afrique. Prenons l'Éthiopie, dont le haut plateau central arrête les pluies de la mousson, qui fournissent au Nil une part majoritaire de ses eaux. Que la mousson s'affaiblisse, et la famine ravage Somalie et Éthiopie, avant de frapper Soudan et Égypte, soudainement privés d'eau et souvent ravagés par des nuages de sauterelles. Le Négus (empereur) Hailé Sélassié, sur le trône éthiopien depuis 1941, fait les frais d'un des pires épisodes d'El Niño, celui de 1972-1973. Il cause une famine massive, exploitée par le Derg, un groupe d'officiers marxistes, pour réaliser un coup d'État.

Les divisions politiques et ethniques internes, l'incurie d'un gouvernement corrompu, les ambitions stratégiques soviétiques, les erreurs de calcul diplomatiques de l'Occident et les désastres naturels se combinent et mènent à l'explosion qui conduit au changement de régime. La junte arrivée au pouvoir préfère consolider sa position plutôt que lutter contre les famines. Celle de 1984-1985, aggravée par le El Niño 1982-1983, tue un million d'Éthiopiens sur une population de 57 millions. Ces évolutions attisent des guerres civiles, nourries des multiples rhétoriques de la différence entre groupes ethniques et religieux, qui aboutissent à la chute du Derg en 1991 et à la sécession de l'Érythrée en 1993. Depuis, l'Éthiopie est parvenue à éviter le pire en devenant un « pays atelier de la Chine », tout en restant assez instable. La Somalie est pour sa part soumise à des explosions de violence régulières et à des affrontements entre milices islamistes, groupes de bandits, forces militaires, tout en subissant de plein fouet les impacts du changement climatique, aggravé par les épisodes d'El Niño.

Dans une étude de 2011, mettant en parallèle les cycles ENSO et les occurrences de conflits de 1950 à 2004, des chercheurs ont déterminé que des événements El Niño sont des facteurs essentiels dans le déclenchement d'environ 21 % des guerres dans le monde[1]. Selon les auteurs, le risque qu'un conflit éclate serait même statistiquement deux fois plus élevé lors d'une année El Niño que lors d'une année La Niña. À l'échelle des sociétés, cela s'explique par les tensions mal gérées par les autorités politiques liées au manque d'eau et de nourriture. Au niveau des individus, le phénomène est aggravé

1. Solomon M. Hsiang, Kyle C. Meng, Mark A. Cane, « Civil conflicts are associated with the global climate », *Nature*, 24 août 2011.

par les tensions et la fatigue suscitées par la chaleur et le manque de sommeil lié à des situations caniculaires, qui rendent les humains plus agressifs[1].

---

1. Solomon M. Hsiang, Marshall Burke, Edward Miguel, « Quantifying the influence of climate on human conflict », *Science*, 1er août 2013.

6
Civilisations, effondrements, climat

El Niño ne contribue pas qu'aux guerres. Il peut aussi exercer des effets majeurs sur les processus d'effondrement civilisationnel. Selon Richard Grove et George Adamson, en cinq millénaires d'activité forte, El Niño aurait connu une vingtaine d'événements intenses ayant des impacts historiques massifs[1].

Un archéologue états-unien, Daniel H. Sandweiss, a dédié une grande partie de sa carrière à rechercher des indices d'occurrences d'El Niño avant l'arrivée des Espagnols au Pérou au XVIe siècle. Tout commence en 1980, quand il exhume une pile de coquillages marins entassés sur une plage, près de la ville de Chimbote, Pérou, à 180 kilomètres au nord de Lima. Ces amas de coquilles sont bien connus des préhistoriens, ils résultent de la consommation de fruits de mer par des humains, qui ont jeté les restes à des endroits déterminés. La datation de cet artefact : 6 500 BP (avant le présent, calibré à l'année 1950), soit environ 4550 avant notre ère. Rien d'inhabituel. Le jeune archéologue amène des échantillons à une

1. Richard Grove, George Adamson, *El Niño in World History*, *op. cit.*, « Introduction », p. 8.

biologiste, mais quand il lui précise où il a trouvé ces vestiges, la réponse tombe : « Impossible. » Ces coquillages proviennent forcément d'une mer plus chaude que celle qui baigne aujourd'hui Chimbote. Ils ne se trouvent qu'à partir des côtes de l'Équateur, 600 kilomètres plus au nord.

Sandweiss s'obstine et parvient à retracer l'évolution du climat sur la côte péruvienne sur près de 13 000 ans. À grands traits : lors de la première moitié de l'Holocène, entre 11 700 et 5 000 ans BP, l'eau qui baignait les côtes du Pérou était plus chaude qu'aujourd'hui, ce qui implique qu'à cette époque El Niño s'est fait beaucoup plus rare. Mais il y a entre 4 000 et 5 000 ans, les eaux du Pérou se refroidissent, avec quelques poussées épisodiques de chaleur en hiver. Après sept millénaires lors desquels El Niño a été affaibli, le schéma actuel ENSO est en train de s'établir.

La fin de la cité de Caral

Cette bascule climatique entraîne des changements culturels. Les communautés humaines, privées de coquillages, se sédentarisent et construisent les premières pyramides des Amériques. C'est autour d'un tel monument qu'il y a environ 4 500 ans émerge Caral, la plus ancienne cité des Amériques, précédant de quinze siècles les premières villes d'Amérique centrale. Pour Sandweiss[1], cette expansion urbaine

1. Daniel H. Sandweiss *et al.*, « Variation in Holocene El Niño frequencies: Climate records and cultural consequences in ancient Peru »,

est la conséquence directe de l'adaptation des humains aux modifications du milieu, en particulier à l'émergence de contraintes majeures comme celle de changements climatiques. Pour faire face à El Niño, ces populations précolombiennes canalisent l'eau des torrents andins, cultivent du coton, fabriquent vêtements et filets. Ces filets permettent à d'autres communautés, des pêcheurs, d'aller en mer pêcher le poisson qui remplace les fruits de mer disparus. À Caral et ailleurs, on complète avec des cultures vivrières, courges, maïs et haricots. La forte densité en population, avec un maximum de 20 000 habitants pour l'ensemble de la vallée, permet de faire face aux dommages cycliques qu'El Niño cause aux habitations et aux systèmes d'irrigation, comme de construire une large palette de monuments et habitations en dur.

Il y a environ 3 700 ans, pour des raisons qui restent à éclaircir, El Niño augmente en fréquence et en force. Il frappe désormais une ou deux fois par décennie, avec violence. La construction de nouveaux temples cesse net. Sandweiss y voit le résultat d'un changement sociétal, d'une perte de confiance dans les institutions face à la colère soudaine des éléments. Ses habitants abandonnent la cité de Caral. Elle s'endort pour des millénaires, avant que ses ruines soient exhumées au milieu du XXe siècle par les archéologues.

Geological Society of America, 29/7, juillet 2001 ; Andrew Lawler, « El Niño past and future: The civilizing power of nature », *Hakai Magazine*, 30 novembre 2015.

El Niño a-t-il anéanti les Mayas ?

Les liens entre des désastres environnementaux et le possible effondrement de civilisations ont fait l'objet de nombreux livres. Les travaux de Joseph Tainter[1], Jared Diamond[2] et Guy Middleton[3] ont popularisé la notion d'effondrement. Diamond s'est rendu célèbre en posant une liste de cinq causalités possibles, agissant souvent de concert : dégradation de l'environnement, changement climatique, voisins hostiles, perte de partenaires commerciaux, incapacité de la société et surtout de ses élites à prendre les décisions nécessaires à l'adaptation au changement. L'effondrement a été présenté comme un possible avenir de notre société thermo-industrielle par Pablo Servigne et Raphaël Stevens[4]. L'archéologue Brian M. Fagan[5] a entrepris pour sa part de revisiter des épisodes classiques de l'histoire environnementale au prisme des possibles impacts d'El Niño. Retenons ici le récit qu'il fait de ce qu'il est convenu d'appeler l'effondrement de la civilisation maya classique, de 250 à 900 de notre

1. Joseph A. Tainter, *L'effondrement des sociétés complexes,* 1988, traduit de l'américain par Jean-François Goulon, La Fenderie, Le Retour aux sources, 2013.
2. Jared Diamond, *Effondrement. Comment les sociétés décident de leur disparition ou de leur survie*, 2005, traduit de l'américain par Agnès Botz et Jean-Luc Fidel, Paris, Gallimard, 2006, rééd. 2009.
3. Guy D. Middleton, *Understanding Collapse. Ancient History and Modern Myths*, Cambridge, Cambridge University Press, 2018.
4. Pablo Servigne et Raphaël Stevens, *Comment tout peut s'effondrer. Petit manuel de collapsologie à l'usage des générations présentes*, Paris, Le Seuil, 2015.
5. Brian M. Fagan, *Floods, Famines, and Emperors, op. cit.*

ère, sur une zone couvrant l'Amérique centrale, du sud du Mexique au Honduras.

À partir du VIIe siècle, un cycle sévère de sécheresses, renforcé par des épisodes El Niño, affecte le Pérou et l'Amérique centrale. Au Pérou, la culture Moche, qui a succédé à celle de Caral, s'érode et se désintègre alors que les crues ravagent son territoire. Quant aux Mayas, ils vacillent, mais vont résister encore deux ou trois siècles. Ils conservent leur organisation en cités-États, qui se livrent des guerres à intervalles réguliers. La population se nourrit par une culture intensive de maïs, complétée par des courges et des haricots, en brûlant régulièrement les champs pour les fertiliser. Les sécheresses récurrentes aggravent l'érosion des sols, rendent dangereux les brûlis et font baisser les rendements agricoles. Aux IXe-Xe siècles, alors que l'aridification s'accroît, les cités intensifient leurs guerres, et connaissent apparemment des révoltes, avant d'être désertées.

Pour prolonger ce récit classique fait par Fagan et quelques autres auteurs, il convient de souligner que les Mayas ne disparaissent pas pour autant. Ils s'adaptent, laissent pousser la forêt, et se livrent à une agriculture plus mobile. L'effondrement, à nos yeux, est celui d'une prestigieuse civilisation, qui ne construira plus guère de grands monuments – il existe évidemment quelques exceptions à cette règle, comme à Mayapán, au XIIIe siècle. Mais la société maya se montrera résiliente. À l'abri de la jungle, elle résistera plus d'un siècle et demi aux colons espagnols, entre le début du XVIe siècle et le milieu du XVIIe, quand la civilisation aztèque sera balayée en deux ans de guerre (1519-1521) par les conquistadors espagnols commandés par Hernan Cortès. Encore aujourd'hui, les langues mayas réunissent près de 6 millions de locuteurs.

El Niño, moteur d'effondrements ?

On l'a vu, sur les presque 11 700 années qu'a duré l'Holocène, les 7 000 premières auraient été plutôt calmes sur le plan climatique. Elles semblent avoir été ponctuées d'épisodes El Niño sporadiques, par intervalles moyens d'une vingtaine d'années, avant une accélération pour entrer dans un rythme plus soutenu, à raison d'une occurrence en moyenne tous les quatre à sept ans – rythme que nous connaissons toujours. Une des premières manifestations du pouvoir du climat sur les civilisations sédentaires et plus ou moins urbaines intervient il y a 4 200 ans. C'est ce que les géologues appellent l'événement 4.2 k (k pour kiloyear, soit milliers d'années). C'est un moment où plusieurs civilisations s'effondrent, de l'Égypte à la Chine en passant par la Mésopotamie et la vallée de l'Indus, alors que s'installe une méga-sécheresse de deux siècles.

C'est un moment géologique, puisqu'il sert à définir le début d'une des trois sous-périodes de l'Holocène, le Méghalayen. S'il existe de nombreuses traces archéologiques d'épisodes intenses d'El Niño autour de -2200/-2100, et donc de bonnes raisons de penser qu'El Niño a été un des moteurs du stress environnemental, en particulier hydrique et agricole, il n'est pas encore possible de construire des chronologies précises[1]. Retenons déjà que dans des sociétés agraires, où les échanges massifs de denrées alimentaires sur de longues distances sont compliqués, des sécheresses intenses peuvent abattre en très peu d'années des sociétés puissantes, qui reposent sur leur capacité à produire suffisamment de céréales pour maintenir leur cohésion politique et sociale.

Mieux documenté, l'effondrement de la fin de l'âge du bronze est un cas d'école[2]. À partir de 1250 avant notre ère, il semble qu'El Niño connaisse une nouvelle intensification. De la Grèce à la Mésopotamie, et plus largement de l'Irlande à la Chine de la dynastie Shang, les cités sont détruites, la démographie chute, famines et épidémies ravagent des terres autrefois prospères. Au Moyen-Orient, l'Égypte parvient à survivre, mais sort de cette crise considérablement affaiblie. Sont anéantis le puissant Empire hittite, occupant l'actuelle Turquie ; le royaume d'Assyrie, ayant tout juste conquis son rival Mitanni, en Syrie orientale ; le royaume kassite,

1. Lire à ce sujet Richard Grove et George Adamson, *op. cit.* ; Shaohua Dang *et al.*, « El Niño/Southern Oscillation during the 4.2 ka event recorded by growth rates of corals from the North South China Sea », *Acta Oceanol. Sin.* 39, p. 110-117, 2020.
2. L'ouvrage de référence est Eric H. Cline, *1177 avant J.-C. Le jour où la civilisation s'est effondrée*, 2014, traduit de l'américain par Philippe Pignarre, Paris, La Découverte, 2015, rééd. 2016.

solidement articulé autour de sa capitale Babylone ; la civilisation minoenne, entre Grèce et Crète, dominée par la cité de Mycènes ; le royaume élamite, en actuel Iran. Les auteurs ayant travaillé sur ces effondrements civilisationnels en cascade retiennent une conjonction de sept causalités possibles :

1) Un changement climatique (probablement aggravé par des épisodes intenses d'El Niño, attestés dans les traces archéologiques[1]) : un refroidissement important stérilise une partie des terres arables du Levant, de la Mésopotamie et de l'Afrique du Nord. Les hivers froids et les sécheresses estivales annihilent à de nombreuses reprises les récoltes. Les crues du Nil, vitales pour l'Égypte, diminuent.

2) Des tremblements de terre dont la fréquence augmente.

3) Des famines liées aux troubles climatiques.

4) Des guerres civiles, liées aux famines.

5) Des invasions : dans toute la Méditerranée orientale, des populations mélangées fuient la famine. De Mycènes à Babylone, en passant par Troie et Ashkelon, des centaines de cités sont attaquées, pillées, détruites. L'Égypte parvient à arrêter ces « Peuples de la mer » à deux reprises sur ses plages.

6) Des flux économiques brisés : les routes commerciales se désintègrent, les dirigeants ne sont plus en mesure d'assister leurs alliés, que ce soit par l'envoi de troupes ou de vivres.

---

1. Richard Grove et George Adamson, *op. cit.*, p. 31-33.

7) Des innovations technologiques : les fours sont améliorés et atteignent le point de fusion du fer, permettant de forger des armes plus efficaces que celles en bronze, produites localement. Car si le minerai de fer est disponible un peu partout, le bronze est un alliage cuivre-étain. Il nécessite des échanges longue distance pour se procurer l'étain, un minerai rare. Les sociétés de l'âge du bronze avaient tissé une proto-mondialisation autour des objets en bronze, jetée à bas par les troubles d'il y a trente-deux siècles.

Une société, prise isolément, peut être détruite par la conjonction systémique d'événements destructeurs. Mais un système international stable pourrait, par des mécanismes d'entraide et d'assistance, se montrer plus résilient. Or, l'effondrement systémique de la fin de l'âge du bronze offre un exemple-type de « tempête parfaite » : une conjonction d'événements extrêmes, liés par un effet multiplicateur, chaque facteur amplifiant les effets des autres phénomènes. Au final, selon l'archéologue états-unien Eric H. Cline, le manque de solidarité entre États semble avoir entraîné la chute, en cascade, des royaumes grecs et des Empires hittite, babylonien, assyrien… Si ces sociétés avaient été solidaires, peut-être auraient-elles été plus résilientes ? Leur égoïsme les aurait amenées à tomber les unes après les autres, tel un jeu de dominos. Si elles avaient choisi de se porter assistance les unes aux autres, l'histoire aurait pu être différente.

7
2015-2016, dernier avertissement

Dès mai 2015, les conditions El Niño s'amorcent dans le Pacifique. L'Australie et l'Indonésie sont touchées par une vague de chaleur, qui va s'étendre sur deux hivers austraux, de mai 2015 à juillet 2016. Elle attise les mégafeux : 2,6 millions d'hectares sont ainsi réduits en cendre en Indonésie, certains feux bénéficiant aux industriels du palmier à huile, qui y gagnent de nouvelles terres. Au Canada, la « Bête » (*Beast*) s'amorce à Fort MacMurray, dans le nord de l'Alberta, le 1er mai 2016, alors qu'El Niño a desséché les forêts et porté les températures à un record de 32,8 °C. Cet incendie va forcer à l'évacuation de 90 000 personnes, détruire 2 400 bâtiments, réduisant la production de pétrole de schiste nationale de 1,2 million de barils par jour, et coûter près de 10 milliards de dollars. Il s'éteindra le 2 août 2017, plus d'un an après son départ, après avoir dévasté près de 600 000 hectares de forêts. À l'autre bout du monde, la Grande Barrière de corail australienne est victime d'un blanchiment massif. La sécheresse s'abat de même sur l'Afrique, l'Asie du Sud-Est et une bonne partie des îles du Pacifique.

À partir de novembre 2015, le surplus d'humidité se déverse sur les Amériques. Le cyclone Patricia, le plus violent jamais enregistré dans l'hémisphère nord tempéré, avec des vents à 343 km/h, frappe la côte ouest de l'Amérique centrale et du Mexique le 23 octobre 2015 – il ne causera que 8 morts et 460 millions de dollars de dégâts, s'étant affaibli en mer avant de frapper les terres. Dans les mois qui suivent, la moitié sud des États-Unis, le Pérou, le Chili, l'Argentine, le Paraguay et l'Uruguay sont victimes d'inondations catastrophiques. Cet épisode est comparable dans son intensité au super-El Niño de 1997-1998.

Une opportunité pour les pathogènes

Une des conséquences des pluies diluviennes est de fournir un terrain favorable aux épidémies[1]. Des températures supérieures à la normale, couplées à des excédents d'eau dans les écosystèmes, garantissent des conditions favorables de développement à nombre de pathogènes. Au Brésil, comme en Thaïlande et en Indonésie, les cas de dengue connaissent une augmentation moyenne de 28 %. Cette maladie se transmet par les moustiques, qui ont besoin d'eau stagnante (inondations) et de chaleur pour proliférer. En Asie du Sud-Est comme dans la plupart des îles du Pacifique, de la Papouasie-

1. Assaf Anyamba *et al.*, « Global disease outbreaks associated with the 2015-2016 El Niño event », *Nature*, 13 février 2023.

Nouvelle-Guinée à Hawaï, les contaminations aux maladies transmises par les moustiques (dengue, chikungunya...) connaissent une forte croissance.

Le paludisme, également transmis par des moustiques, connaît une forte recrudescence au Soudan, au Kenya, en Somalie et en Tanzanie. Au Kenya et en Tanzanie, les précipitations infiltrent des matières fécales dans les réservoirs d'eau et les sources, provoquant une importante poussée de choléra qui se prolongera jusqu'en 2017, causant plus de 37 000 morts. L'Inde et le Bangladesh, comme lors d'épisodes El Niño antérieurs, sont frappés par une augmentation des cas de choléra, paludisme et chikungunya. Dans les pays soumis à des mégafeux de forêts s'ajoutent des dégâts sanitaires liés à la pollution de l'air, et des dommages écologiques : les nuages de suie bloquent les rayons solaires, et perturbent la production végétale.

Il est à noter que les conditions de forte humidité et de chaleur extrême auraient dû, en Afrique orientale, provoquer une recrudescence de la fièvre hémorragique de la vallée du Rift, qui décime les troupeaux de bovins. Mais cette fièvre a été contenue, probablement grâce à une campagne de vaccination du bétail. Connaître les risques associés à El Niño permettrait d'atténuer les effets sanitaires, à condition que les États et les communautés locales se donnent les moyens d'anticiper.

Un cycle du carbone perturbé

El Niño exerce un effet important sur le cycle du carbone, facteur essentiel à l'heure où le sort de l'humanité est largement lié au changement climatique induit par la quantité de CO_2 présente dans l'atmosphère, qui détermine la hausse des températures mondiales. On sait que les océans séquestrent approximativement 30 % du CO_2 émis par les humains, selon deux processus.

1) Le CO_2 atmosphérique se dissout naturellement dans l'océan, en quantité plus importante dans l'eau froide. Cette dernière étant plus dense que l'eau chaude, elle plonge, emportant avec elle le CO_2 dissous. Cette absorption se produit essentiellement aux hautes latitudes, près des pôles.

2) Le deuxième processus s'appuie sur la photosynthèse réalisée par le phytoplancton, qui sera absorbé au fil de la chaîne alimentaire, séquestrant le carbone dans les profondeurs quand les animaux défèquent ou que les organismes meurent.

En période neutre ENSO, l'*upwelling* du Pacifique équatorial fait remonter à la surface environ une gigatonne (Gt) de CO_2 par an (sachant qu'en 2022, l'humanité en a émis 37 Gt, et que les océans et les écosystèmes terrestres ne sont capables d'absorber annuellement que 15 ou 16 Gt). El Niño, en interrompant cet *upwelling*, ralentit donc la quantité de CO_2 émise planétairement. Mais les mégafeux qu'il favorise en Indonésie, aux Philippines, en Amazonie, au Canada et ailleurs annulent cet effet et aggravent les émissions de gaz à effet de serre dans l'atmosphère. Et La Niña, qui succède souvent à El Niño, aggrave encore les émissions, en dopant le volume de CO_2 émis par l'*upwelling*.

Ce n'est qu'un des multiples effets d'El Niño sur les paramètres du système Terre. Au niveau des écosystèmes, ses effets sont innombrables, des coraux blanchis aux forêts carbonisées, en passant par les zones humides asséchées et les déserts inondés. Une étude a par exemple montré que les années El Niño intenses poussaient les animaux à une accélération des processus d'adaptation à la chaleur. En l'espèce, dans le cas des iguanes des îles Galápagos, la sélection naturelle poussait ces gros lézards tropicaux nés durant une année El Niño à réduire leur taille[1] d'un cinquième ! Le métabolisme de leurs os change pour s'adapter à des disponibilités alimentaires moindres. Ce qui offre un avantage : lors des années El Niño intenses, la population de ces reptiles peut être réduite à 10 % de ses effectifs.

La danse d'El Niño et du changement climatique

Il a été longtemps débattu de la façon dont le changement climatique pourrait aggraver, ou pas, les futurs épisodes El Niño[2]. Cette longue contro-

1. Martin Wikelski et Corinna Thom, « Marine iguanas shrink to survive El Niño », *Nature*, vol. 403, 6 janvier 2000.
2. Bin Wang *et al.*, « Historical change of El Niño properties sheds light

verse scientifique semble en passe d'être résolue par deux études récentes[1]. Après avoir fait tourner 43 modèles climatiques cinq ans durant, Wenju Cai et ses collègues confirment un diagnostic inquiétant : le changement climatique va selon toute probabilité accroître la fréquence et l'intensité des événements La Niña et El Niño, et cette aggravation a d'ailleurs déjà commencé. Depuis les années 1960, l'accumulation de gaz à effet de serre dans l'atmosphère est corrélée à l'augmentation de la violence des événements climatiques extrêmes, mais aussi à l'augmentation de la variabilité des épisodes El Niño/La Niña.

Selon ces chercheurs, le changement climatique est non seulement responsable de la montée en puissance d'El Niño et de La Niña, mais la conjonction des deux phénomènes ENSO-réchauffement climatique nous mène vers une augmentation plus rapide qu'anticipée, en nombre et en intensité, des événements climatiques extrêmes, tels des sécheresses, des vagues de chaleur aériennes et marines, des mégafeux, mais aussi des inondations et des tempêtes. Ils avertissent aussi que la probabilité de voir émerger une forte La Niña l'année suivant un fort El Niño est accrue, et que les plages de stabilité ENSO devraient se réduire. Nous avons mangé

on future changes of extreme El Niño », PNAS, 19 septembre 2019.

1. Wenju Cai *et al.*, « Anthropogenic impacts on twentieth-century ENSO variability changes », *Nature*, 18 mai 2023 ; voir aussi Nicola Maher *et al.*, « The future of the El Niño–Southern Oscillation: Using large ensembles to illuminate time-varying responses and inter-model differences », *Earth System Dynamics*, 14 avril 2023.

notre pain blanc, résument-ils, en attendant trop longtemps pour prendre des mesures de réduction des émissions de gaz à effet de serre. Même dans l'hypothèse purement théorique d'un arrêt immédiat de nos émissions et d'une stabilisation du changement climatique aux présentes températures planétaires de +1,5 °C, les effets des El Niño intensifiés se feront sentir au minimum encore un siècle, le temps que l'océan Pacifique restitue l'excédent de chaleur qu'il a accumulé.

II

Géopolitique :
El Niño et la fureur des nations

8

2022-2023 : théâtre des opérations climato-stratégiques

Le temps que dure son cycle, ce nouvel El Niño risque de forcer temporairement, mais très brutalement, les températures globales. Il va probablement les faire passer de +1,2 °C à +1,5 °C entre 2023 et 2024. Il pourrait même se prolonger deux à trois années, sachant que si les incertitudes sont nombreuses sur la durée de ce cycle El Niño, les probabilités de son exceptionnelle intensité sont désormais particulièrement élevées. D'un point de vue géopolitique, cette « surchauffe » climatique risque de devenir l'un des principaux facteurs d'une « surchauffe » des tensions et conflits internationaux[1]. Mais ce déchaînement d'El Niño doit se comprendre dans le contexte du « théâtre des opérations » que sont les grands rapports de forces géopolitiques et stratégiques actuels, dans leurs intrications avec le changement climatique dont les effets en cascade sont toujours plus puissants[2].

---

1. « Global temperatures set to reach new records in next five years », *World Meteorological Organization*, 17 mai 2023.
2. Jean-Michel Valantin, *Géopolitique d'une planète déréglée*, Paris, Le Seuil, 2017, rééd. actualisée 2022.

Le 24 février 2022, premier jour de l'offensive russe en Ukraine et du déclenchement de la crise stratégique la plus aiguë en Europe depuis 1945, la géopolitique sous sa forme la plus violente s'entremêle de fait avec la crise climatique planétaire. Les tensions et les conflits que cette situation génère se diffusent dans et par les réseaux de la globalisation, en particulier dans le domaine agricole, menaçant ainsi la sécurité alimentaire de milliards de personnes, sur les cinq continents[1].

Dès les premières semaines de la guerre, le blocus naval en mer Noire empêche largement les exportations de céréales ukrainiennes. Réciproquement, les sanctions économiques infligées à la Russie ont des effets similaires sur les exportations de la récolte russe. Or, depuis la fin de la décennie 2010, le binôme Ukraine-Russie représente plus de 30 % des exportations mondiales de blé ainsi que 18 % des exportations de maïs, 19 % de celles d'orge et 64 % de l'huile de tournesol. Dès le mois de mars 2022, ces difficultés d'exportations aggravent l'inflation des prix agroalimentaires, et ce au niveau mondial[2]. Cette tendance inflationniste influe aussi sur les prix de l'énergie.

Durant la même période se déploie à l'échelle mondiale une série d'événements climatiques

1. Jean-Michel Valantin, « War in Ukraine, US megadrought and the coming global food crisis », *The Red Team Analysis Society*, 1er mai 2022.
2. FAO – Information Note on The Importance of Ukraine and the Russian Federation for Global Agricultural Markets and the Risks Associated with the Current Conflict – mise à jour du 25 mars 2022.

extrêmes, qui s'abattent sur les grandes zones de production agricole partout dans le monde. Ainsi, durant l'hiver 2021-2022, la récolte chinoise de blé subit de graves intempéries. Puis, durant tout le mois d'avril 2022, l'Inde, deuxième producteur de blé au monde et désormais forte de 1,4 milliard d'habitants, le Pakistan et le Bangladesh sont touchés par une vague de chaleur historique, qui oscille entre 42 °C et 50 °C, limite biologique de l'endurance humaine[1].

Cette très longue vague de chaleur va se prolonger plus d'un mois. Son intensité et sa durée s'accompagnent d'une baisse de plus de 20 % des rendements de la récolte indienne. En réaction, le gouvernement indien décide d'interdire les exportations de blé durant l'année 2022. Mais la nécessité pour le gouvernement de reconstituer les stocks de blé et de riz et de garantir le prix des denrées de base sur le marché intérieur entraîne un prolongement de l'interdiction d'exportation en 2023[2]. Cette décision est prorogée et consolidée par la hausse des températures suivie d'une nouvelle vague de chaleur, qui recouvre toute l'Asie du Sud-Est et du Sud, et l'Asie centrale en avril et en mai 2023, alors que les signaux du retour d'El Niño ne cessent de se renforcer[3].

1. « India, India bans wheat exports due to domestic supply concerns », *United States Agriculture Department*, 19 mai 2022.
2. « Wheat export ban to continue for now: Piyush Gopal », *The Economic Times*, 13 avril 2023.
3. David Stanway, « Asia climate woes mount as heat shatters May 2023 records », *Reuters*, 1er juin 2023.

Par ailleurs, entre mars et septembre 2022, suite aux effets de la sécheresse sur la récolte de soja, le gouvernement argentin en bloque les exportations afin de contrôler les prix sur le marché intérieur, avant d'en surtaxer les exportations. Au même moment, la « méga-sécheresse » historique qui touche les grandes zones agricoles du Midwest et du Sud-Ouest américain depuis une dizaine d'années continue de s'accentuer[1], d'où une hausse des coûts de production des récoltes américaines. Or, cette méga-sécheresse s'aggrave en 2023, au moment où El Niño devient actif[2].

Il apparaît donc que depuis le printemps 2022, les effets de la guerre en Ukraine et ceux du changement climatique s'hybrident et se diffusent dans les mécanismes de l'inflation des produits agroalimentaires, dont les premiers signaux remontent à 2021. Or, la hausse globale des prix de la nourriture déclenche des risques élevés en termes de sécurité alimentaire mondiale. Dès le printemps 2022, de nombreux gouvernements s'inquiètent de probables tensions alimentaires. Des émeutes de la faim ont lieu en Irak, en Iran, au Pakistan, au Pérou et au Chili à partir d'avril 2022[3].

---

1. Karl Plume, « Plains drought to curb US wheat harvest, adding to global supplies worries », *Reuters*, 14 mars 2022.
2. US Drought Monitor, https://droughtmonitor.unl.edu/CurrentMap.aspx
3. Bamo Nouri, « Iraq food protests against spiralling prices echo early stages of Arab Spring », 16 mars 2022 ; Kayhan-London, « Protests in Iran risk spreading as Ukraine war triggers global food crisis », *Worldcrunch*, 11 avril 2022 ; Julia Horowitz, « From Pakistan to Peru, soaring food and fuel prices are tipping countries over the edge », *CNN Business*, 9 avril 2022.

Jeux de guerre, jeux d'échelles

Pour atténuer cette insécurité alimentaire mondiale, les négociations russo-ukrainiennes, organisées sous l'égide des Nations unies et de la Turquie, amènent la Russie à autoriser les mouvements des cargos céréaliers ukrainiens. Cet apport de grains est stratégique, car le pain compose la base de l'alimentation de plus de 70 % des populations du Maghreb et du Moyen-Orient, alors que ces régions sont particulièrement vulnérables au changement climatique. Il faut d'ailleurs se rappeler qu'en 2011, les manifestations contre le prix du pain en Tunisie et en Égypte ont été les déclencheurs des « Printemps arabes ». Ainsi, l'Égypte, qui ne produit que 40 % de son blé, est-elle intrinsèquement dépendante des importations depuis la mer Noire. C'est donc la cohésion sociale et les équilibres politiques les plus fondamentaux des pays arabes, mais aussi africains, qui sont en jeu[1].

Extension du domaine de la crise

Les effets du nexus climato-stratégique résultant de l'intrication de la guerre en Ukraine et du changement climatique se diffusent dans de nombreux autres espaces et continents, créant les conditions d'une vulnérabilité d'autant plus grande à El Niño 2023.

1. Michael Tanchum, « The Russia-Ukraine war has turned Egypt's food crisis into an existential threat to the economy », *Middle East Institute-MEI@75*, 3 mars 2022.

Ainsi, en Chine, forte de 1,4 milliard d'habitants, la longue sécheresse et les vagues de chaleur qui se succèdent d'avril à octobre 2022 diminuent fortement la production et la récolte de riz. Les autorités chinoises se retrouvent contraintes d'augmenter leurs importations de cette céréale de plus de 42,5 % par rapport à l'année précédente. Mais alors que la Chine importe près de 5 millions de tonnes de riz[1], le nord-est de l'Inde subit une vague de chaleur historique durant l'été 2022. Quant au Pakistan, autre grand producteur de riz, il connaît des inondations catastrophiques en septembre 2022, qui déplacent plus de 33 millions de personnes tout en ravageant les cultures. Alors qu'El Niño devient actif en mai et juin 2023, ainsi que sur toute l'Asie du Sud et ses 1,8 milliard d'habitants cumulés, il est à craindre que ces tensions alimentaires entre les besoins chinois et ceux des autres pays asiatiques ne se maintiennent, voire ne s'aggravent, du fait des vagues de chaleur historiques qui déferlent sur la Chine dès mai-juin 2023[2].

Durant la même période, la méga-sécheresse qui touche l'Ouest et le Sud-Ouest américain, autre grand producteur de riz, inflige une diminution significative de la récolte américaine. Dans ce contexte très tendu, les excellentes récoltes et exportations thaïlandaises et vietnamiennes de 2022

1. « Research on China's rice imports industry 2023-2032 », *Research and Markets*, 21 février 2023.
2. « Intense heatwaves singe Asia as summer keeps eating into spring », *The Federal*, 16 avril 2023.

ne peuvent enrayer l'inflation des prix du riz, qui nourrit la moitié de la population asiatique, moyen-orientale et africaine. Cette situation est d'autant plus dangereuse que les finances publiques de nombreux pays pauvres sortent exsangues de la période 2020-2022, dominée par la pandémie de Covid-19 et par ses effets en cascade.

Au niveau mondial, cette hybridation de la crise géopolitique, de la crise climatique, d'El Niño 2023 et de l'insécurité alimentaire s'approfondit du fait de la crise mondiale des engrais.

La guerre, les engrais et la crise climatique

L'aggravation rapide du conflit et les sanctions occidentales contre Moscou ont un effet inattendu sur les exportations d'engrais par la Russie et par la Biélorussie. Or, ces dernières représentent 33 % des exportations globales de potasse, un des engrais les plus utilisés dans le monde. Mais les sanctions financières gênent considérablement leur accès aux marchés internationaux.

Il en résulte une hausse très violente des prix des engrais, aggravée par la décision d'un certain nombre de pays, comme la Chine, de ne pas exporter leur propre production d'engrais, et ce tout au long de l'année 2022[1]. Des importateurs d'engrais d'importance majeure comme le Brésil, l'Inde, le Maroc, doivent diversifier dans l'urgence

1. Atti Domm, « A fertilizer shortage, worsened by war in Ukraine, is driving up global food prices and scarcity », CNBC, 6 avril 2022.

leurs sources d'approvisionnement, sur des marchés internationaux déjà sous tension, alors qu'ils subissent de plein fouet les impacts du changement climatique en 2022 et d'El Niño dès l'été 2023.

Si entre fin 2022 et début 2023, les prix des engrais finissent par baisser, ils demeurent plus élevés qu'au début de la même année. Or, les perturbations sur le marché mondial concernent plus de 20 % du commerce global des engrais, réduisant ainsi la disponibilité des engrais, en particulier pour les pays et les paysanneries les plus pauvres.

Cette vulnérabilité des marchés alimentaires aux effets conjugués de la guerre en Ukraine et du climat s'intensifie le 17 juillet 2023, lorsque Moscou annonce se retirer de l'accord international sur les céréales. Cet accord, négocié un an plus tôt sous l'égide des Nations unies, permettait l'exportation maritime des récoltes ukrainiennes. Cette annonce est suivie d'une série de frappes aériennes sur les ports ukrainiens et d'un avertissement lancé aux navires se livrant au transport de ces céréales. En trois jours, les prix des céréales augmentent de 8 %[1].

Dès 2022, la Banque mondiale, la Banque africaine de développement et le Programme alimentaire mondial se sont mobilisés afin de soutenir les achats d'engrais par les pays les plus démunis. Malgré cet effort international, la diminution des engrais à base de potasse ou d'azote fait courir

1. « Ukraine : la Russie met en garde tout navire céréalier sur la mer noire », AFP, 20 juillet 2023.

des risques majeurs aux pays et aux agriculteurs concernés de voir diminuer leurs rendements agricoles en 2023. Ce risque est encore renforcé par les effets d'El Niño, qui va frapper de plein fouet les pays d'Afrique et du Moyen-Orient et y aggraver encore l'insécurité alimentaire que doivent subir des centaines de millions de personnes[1].

1. Charlotte Hebebrand et Joseph Glauber, « The Russia-Ukraine war after a year: Impacts on fertilizer production, prices and trade flows », *International Food Policy Research Institute*, 9 mars 2023.

9

Surchauffe en Afrique et au Moyen-Orient

Si, entre 2023 et 2026-2027, El Niño suit les schémas récurrents de cycles précédents, il risque d'en découler une hausse des précipitations en Afrique de l'Est, notamment dans la Corne de l'Afrique, et une baisse significative de celles-ci dans les zones arides d'Afrique de l'Ouest, en particulier dans la zone sahélienne, ainsi qu'en Afrique australe[1]. Or, l'ensemble des États de la bande sahélienne et sub sahélienne jusqu'à la Corne de l'Afrique sont confrontés aux effets toujours plus violents de la sécheresse, de la famine et de la raréfaction de l'eau. Ces phénomènes touchent les immenses territoires délimités par les frontières du Soudan, du Soudan du Sud, du Tchad, du Niger, du Burkina Faso, du Mali, de la Mauritanie et du Sahara occidental[2].

Dans ce contexte de crise profonde, la Russie étend son influence militaire et économique, en particulier via le renforcement de sa diplomatie multilatérale et de sa présence militaire par le

1. « El Niño to return in 2023 following a three years La Niña phase », Food and Agriculture Organization, 26 avril 2023.
2. Paloma Trascasa-Castro, « Four possible consequences of the El Niño return in 2023 », *The Conversation*, 26 janvier 2023.

biais du tentaculaire groupe Wagner, doublement spécialisé dans les activités mercenaires et dans l'exploitation minière. Entre 2015, année de l'implication pérenne du groupe dans la guerre civile libyenne – qui marque aussi le pas de la présence française au Mali suite à son intervention contre les groupes djihadistes qui menaçaient le gouvernement malien –, et 2022, Wagner ne cesse de se développer en Afrique. Les gouvernements du Mali, du Soudan jusqu'à son effondrement en mai 2023, d'Angola, du Zimbabwe, de Madagascar, de Guinée, de Guinée-Bissau, de la République démocratique du Congo, de la République centrafricaine, du Burkina Faso, font appel au groupe militaire et minier privé russe[1]. La curieuse expédition lancée le 24 juin en direction de Moscou par Evgueni Prigojine, qui s'est achevée par le retour des mercenaires dans leurs casernes et par le départ du chef de Wagner en Biélorussie, ne semble pas, à date, avoir d'effets particuliers sur les activités africaines du groupe. Evguéni Prigogine est décédé dans un accident d'avion le 23 août 2023.

Le point commun à la plupart de ces États est qu'ils sont en très grandes difficultés financières, voire sur le point de basculer dans une situation d'« États faillis », alors que leurs sociétés et populations doivent faire face à une hausse croissante des formes de violence. Celles-ci conjuguent les

1. Karen Philippa Larsen *et al*,. « Russia's comprehensive approach and the Wagner group challenges the West in Africa », The Danish Institute for International Studies, février 2022.

difficultés alimentaires, hydriques, les affrontements entre communautés, le banditisme et la montée en puissance de mouvements islamistes et djihadistes. Face à ces situations, les supplétifs du groupe Wagner permettent à ces États en très grande difficulté d'acheter un « surplus de sécurité[1] ».

Ainsi, dans la région du lac Tchad, en cours d'assèchement rapide en raison des activités humaines et du changement climatique, à la zone des trois frontières entre le Mali, le Niger et le Burkina Faso, les groupes djihadistes prennent le contrôle de plus en plus de zones rurales, tout en étant toujours plus efficaces dans leur guerre contre les forces de sécurité locales et nationales. C'est dans cette région ravagée par le changement climatique que le groupe « Province d'Afrique de l'Ouest de l'État islamique », originellement émanation du groupe Boko Haram, est parvenu à chasser ce dernier de son bastion de la forêt de Sambisa et à prendre le contrôle des ressources en eau, de ce qui reste de production agricole et des troupeaux, tout en imposant sa conception ultraradicale de l'islam[2].

Des dynamiques analogues sont à l'œuvre au Mali, au Niger et au Burkina Faso, pays dont la démographie est galopante, et où 50 % de la population a moins de 15 ans. D'après le politiste français Luis Martinez, en 2018, 900 000 personnes

1. Tom O' Connor, « Russia's Wagner group is too big to fail in Africa – As Putin knows it », *Newsweek*, 29 juin 2023.
2. Luis Martinez, *L'Afrique, le prochain califat ? La spectaculaire expansion du djihadisme*, Paris, Tallandier, 2023.

de cette zone, soit plus de 10 % de la population, est en « insécurité alimentaire sévère ». Dans ce contexte où l'aridité ne cesse de s'aggraver, les éleveurs et leurs 34 millions de têtes sont en conflit avec les agriculteurs qui, pour s'adapter au manque d'eau, étendent leurs cultures. Face à cette situation socio-climatique très dégradée, l'appartenance à un groupe djihadiste est une assurance d'intégration sociale, de sécurité financière et alimentaire, d'accès à l'eau, et de statut, d'où le succès croissant de ces mouvements auprès de la jeunesse[1].

Influences étrangères en zone d'effondrement

On comprend dès lors que face à l'aggravation de la crise, les États et gouvernements africains adhèrent à la « Nouvelle Route de la Soie » chinoise, cette « grande stratégie » lancée par le président Xi Jinping, qui consiste à créer des infrastructures de transport terrestres et maritimes à l'échelle de l'Eurasie, de l'Afrique et de l'Amérique latine. Celles-ci permettent d'importer en Chine tous les types de biens nécessaires au développement de la Chine, et s'accompagnent de la signature de myriades de contrats, en particulier d'exportation de ressources naturelles vers la Chine, et de constructions de tous types (hôpitaux, aéroports, voies de communication…) nécessaires aux pays signataires[2].

1. *Ibid.*
2. Jonathan Hillman, *The Emperor's New Road, China and the Project of the Century*, Yale, Yale University Press, 2020.

Ainsi, depuis 2016, après qu'une compagnie pétrolière chinoise a accepté de construire une raffinerie, longtemps demandée aux Français et aux Américains, le gouvernement nigérien[1] a rejoint la Nouvelle Route de la Soie. Il exporte en Chine l'uranium qui constitue la principale richesse du pays, tout en entamant des discussions avec le groupe Wagner. Cette nouvelle configuration amène les États-Unis à s'investir eux aussi dans le pays, afin de tenter d'y contrer les influences chinoise et russe[2].

Mais avec la montée en puissance d'El Niño 2023, les probabilités sont élevées pour que la région sahélienne et le sud de l'Afrique reçoivent encore moins d'eau. Cela se traduirait par une diminution de rendements agricoles déjà très maigres, une hausse de la mortalité des troupeaux, dont dépendent les apports en protéines des populations, et une hausse de la violence des bandes armées et des combats pour s'assurer le contrôle des accès à l'eau[3].

Cette possible évolution induite par El Niño renforcerait l'attractivité des mouvements djihadistes auprès de la jeunesse des pays concernés. Cela les amènerait à toujours plus étendre par la force armée leur emprise sur des ressources en

---

1. Jean-Pierre Cabestan, « Beijing's 'going out' strategy and Belt and Road Initiative in the Sahel: The case of China's growing presence in Niger », *Journal of Contemporary China*, 26 décembre 2018 ; et Tom Burgiss, *The Looting Machine: Warlords, Tycoons, Smuglers and the systematic theft of Africa's wealth*, London, William Collins, 2015.
2. Luis Martinez, *op. cit.*
3. *Ibid.*

eau et en nourriture toujours plus réduites. Mais cette mainmise, permettant à ces structures de devenir des « oligopoles » de l'eau par des moyens ultra-violents, va aussi toujours plus s'exercer de façon prédatrice aux dépens des populations. Face à cette aggravation de leurs conditions sociales, environnementales et économiques, certaines de ces populations rejoindront sans doute les flux de migrants qui fuient ces zones « d'invivabilité »[1].

La fin de la Mésopotamie ?

Des dynamiques analogues se déploient au Moyen-Orient. Le Tigre et l'Euphrate trouvent leur source en Turquie et irriguent la Syrie, l'Irak et l'Iran. Les deux fleuves s'écoulent dans le golfe Persique. Or, depuis le milieu du XXe siècle, chacun des pays traversés a installé des séries de barrages – en particulier la Turquie, dont le système de barrages en amont des deux fleuves lui permet de se créer des réserves d'eau, tout en acquérant la capacité stratégique de faire fluctuer le débit du fleuve en aval dans les pays voisins et adverses que sont la Syrie et l'Irak, et dans les régions kurdes[2].

La Turquie militarise l'utilisation de ses barrages depuis les années 1980, et cette tendance se

1. Serge Michailof, *Africanistan. L'Afrique en crise va-t-elle se retrouver dans nos banlieues ?*, Paris, Fayard, 2015 ; et *Afghanistan : autopsie d'un désastre, quelles leçons pour le Sahel ?*, Paris, Gallimard, 2022.
2. Fred Pearce, *When the Rivers Go Dry. The global water crisis and how to solve it*, Londres, Granta, 2018.

renforce, notamment depuis le début de la guerre en Syrie en 2011. Réduire le débit du Tigre et de l'Euphrate permet ainsi à Ankara de précariser les conditions de vie des populations kurdes du sud de la Turquie, de Syrie et d'Irak, contre lesquelles l'État turc est en état de guerre chronique. Cela permet aussi de réduire l'accès à l'eau des sociétés syrienne et irakienne et ainsi de mettre sous tension les gouvernements et les régimes concernés, alors que, en raison des effets du changement climatique, les sécheresses et les vagues de chaleur à répétition aridifient toujours plus ces pays[1].

Par ailleurs, en Syrie, entre 2006 et 2011, une sécheresse historique s'est déchaînée, les réserves souterraines d'eau étaient largement épuisées, alors que les sols s'assèchent rapidement. Cette catastrophe socio-climatique a déclenché un gigantesque exode vers des villes incapables d'absorber un tel afflux[2], alors que l'État perdait ses ressources, dont l'occupation du Liban et ainsi son accès à des ressources agricoles particulièrement riches, les subsides de la Banque mondiale et sa rente pétrolière par épuisement de la ressource[3]. Le régime s'est alors retrouvé incapable d'assurer la paix sociale et n'a su répondre à la crise que par une violente répression. Ces populations désaffiliées

1. Pearce, *ibid.*
2. Aden W. Hassan *et al.*, « The impact of food and agricultural policies on groundwater use in Syria », *Journal of Hydrology*, 29 mars 2014.
3. Matthieu Auzanneau, *Pétrole. Le déclin est proche*, Paris, Le Seuil/Reporterre, 2021.

deviennent alors des gisements de recrutement pour les mouvements de contestation du régime et les guérillas djihadistes qui transforment le pays en champ de bataille entre 2011 et 2020, notamment durant la période du « califat » de l'État islamique entre 2015 et 2019[1]. Or, le déficit chronique de précipitations, aggravé par les stratégies turques de diminution du débit des fleuves, induit de fait une mise sous tension des États et des régimes syrien, irakien et iranien.

À l'ouest de la Mésopotamie, la vallée du Nil fait aussi l'objet d'un conflit politique toujours plus tendu entre l'Égypte et l'Éthiopie, en raison de la construction par cette dernière du barrage de la Renaissance sur le Nil bleu. Cet ouvrage d'art de 1,8 km de long et de 145 mètres de haut réduit fortement le débit du fleuve, dont dépendent le Soudan et l'Égypte. Le gouvernement égyptien craint que le remplissage complet du réservoir de retenue créé ne diminue trop le cours du Nil, ce qui affaiblirait les capacités de production d'électricité du barrage d'Assouan et diminuerait encore les volumes d'eau disponibles pour l'agriculture et pour la consommation humaine, alors que la croissance démographique du Caire et l'assèchement progressif du delta du Nil nécessitent un apport d'eau toujours croissant.

C'est dans ce contexte qu'El Niño pourrait intensifier la dessiccation des sols depuis l'Égypte jusqu'à

1. Jason Burke, *The New Threat, The Past, Present and Future of Islamic Militancy*, The New Press, 2017.

la Turquie, et de toute la région mésopotamienne, en Syrie, en Irak et en Iran, tout en aggravant la situation du Liban. Par ailleurs, le risque est élevé qu'El Niño s'accompagne d'une baisse encore plus importante des précipitations, ainsi que d'un nombre croissant des vagues de chaleur. À cette baisse des précipitations s'ajoute la destruction de nombreux canaux et systèmes d'irrigation suite à la guerre civile déclenchée par l'invasion de l'Irak par les États-Unis en 2003, puis par la politique de « terre brûlée » de l'État islamique entre 2015 et 2020[1]. La convergence de ces facteurs climatiques et géostratégiques aggrave l'aridification et l'érosion des sols et la multiplication des tempêtes de poussière, qui s'étendent désormais sur d'immenses surfaces dans tout le Moyen-Orient[2]. Le sable se dépose sur les cultures, étouffant les canaux et les dernières eaux de surface.

Depuis le milieu des années 2010, les épisodes caniculaires toujours plus intenses transforment les grandes villes du Moyen-Orient en piège à chaleur. Les populations se sont équipées de 64 millions de climatiseurs, nécessaires à la simple continuité de la vie quotidienne. Mais la création de ce « climat intérieur artificiel » engendre une demande croissante en électricité aux centrales thermiques, ainsi

1. Juan Cole, « Iraq's climate crisis, America's war for oil and the Great Mesopotamian dustbowl », *TomDispatch*, 9 juillet 2023.
2. Laurent Testot, « Géopolitique de la poussière », *Sciences humaines*, mai-juin 2018.

qu'aux barrages du Nil, du Tigre ou de l'Euphrate[1]. Leur débit ne cesse de se réduire, tendance qu'El Niño va sans doute intensifier, avec la capacité des barrages à produire de l'hydroélectricité. Mais les vagues de chaleur d'une durée de plusieurs jours, voire de plusieurs semaines, vont faire peser une menace sanitaire d'une gravité extrême, en particulier si des températures supérieures à 50 °C, au-delà de la capacité de résistance humaine, s'installent durablement.

Migrations et tensions

Aussi, la dégradation constante, et accélérée par El Niño, des conditions de vie au Moyen-Orient va certainement entraîner un gonflement des flux de migrants vers l'Europe. Ceux-ci vont soit traverser la Méditerranée par la Libye, soit passer par la voie continentale *via* la Turquie. Dans ce dernier cas, la croissance de la population de réfugiés dans les camps turcs, qui accueillent déjà plus de 3,7 millions de Syriens, soit 15 % de la population de réfugiés dans le monde, confère au gouvernement du président Erdogan une formidable capacité de négociation avec l'Europe. Il obtient ainsi plus de 6 milliards d'euros d'aide par an pour garder ces migrants en Turquie afin d'éviter à l'Europe de les accueillir[2]. Or, ces risques qu'El Niño fait peser sur

1. Jean-Michel Valantin, *Géopolitique d'une planète déréglée,* Paris, Le Seuil, 2017, rééd. mise à jour 2022.
2. Kelly M. Greenhill, « Weapons of mass migration, forced

le Moyen-Orient pourraient réactiver d'importants flux de réfugiés, et amener la Turquie à renégocier ses accords avec l'Union européenne, renforçant ainsi l'influence politique du président Erdogan.

Ces migrants africains et moyen-orientaux fuient des conditions de vie qui se transforment littéralement en menaces de mort. Ils tentent d'atteindre l'Europe, au risque d'aggraver les tensions propres aux États maghrébins, eux aussi confrontés aux effets complexes qu'El Niño aura sur leurs propres difficultés sociales, économiques et hydriques. Celles et ceux qui parviendront à traverser les frontières arriveront dans une Europe dont la partie sud sera toujours plus bouleversée par la combinaison de la crise énergétique et économique déclenchée par la guerre en Ukraine, de la crise de l'eau et des successions de sécheresses, de mégafeux et d'inondations qui perturberont en profondeur les réseaux de transport et ainsi la cohésion territoriale des pays.

Les réticences politiques européennes aux arrivées de migrants vont possiblement s'accroître, d'autant qu'il existe un risque d'infiltration par des agents dormants des réseaux islamistes et djihadistes. Ce *modus operandi* des groupes djihadistes est avéré depuis le début des années 2010, avec des agents d'Al Qaïda et de Daesh qui se sont fondus dans les flux de migrants venus d'Afghanistan et du

displacement as an instrument of coercion», *Strategic Insights*, vol. 9/1, printemps-été 2010.

Moyen-Orient[1]. Ces infiltrations sont indissociables des stratégies opportunistes de ces organisations[2], qui instrumentalisent ces mouvements de population pour installer des centres d'influence dans les grandes villes du Moyen-Orient et d'Europe, en particulier depuis la guerre en Syrie[3].

En d'autres termes, en intensifiant les déstabilisations climatiques et géopolitiques en Afrique, au Moyen-Orient et en Europe, El Niño peut donner lieu à un accroissement permanent des situations de crise qui seraient autant d'opportunités pour les mouvements islamistes et djihadistes, du sud du Sahel et du Moyen-Orient au nord de l'Europe. Il est donc parfaitement envisageable que les effets rapides d'El Niño aient aussi des répercussions politiques sur les démocraties européennes, les amenant à se concentrer sur les problèmes sociaux, économiques, environnementaux et politiques de très grande échelle déclenchés par cette convergence des crises, à laquelle se combine El Niño.

1. David Kilkullen, *The Dragons and the Snakes. How the Rest learned to fight the West*, London, Hurst, 2021.
2. *Ibid.*
3. Luis Martinez, *op. cit.*; et Hugo Micheron, *La Colère et l'Oubli. Les démocraties face au jihadisme européen*, Paris, Gallimard, 2023.

10

El Niño et la catastrophe européenne

La vulnérabilité de l'Europe au renforcement du changement climatique par El Niño est littéralement «préparée» par la crise énergétique déclenchée par la guerre en Ukraine autant que par des facteurs structurels et historiques. Alors que l'Union européenne diminue progressivement ses importations de pétrole russe en 2022, le «pont gazier» qui relie la Russie à l'Europe est détruit. Ce processus commence avec les réductions drastiques des exportations de gaz russe vers l'Europe, en particulier vers l'Allemagne, qui diminuent de près de 80 % entre juin et septembre 2022. Puis, le 26 septembre 2022, le sabotage des deux gazoducs sous-marins Nord Stream I et II[1], dont, à ce jour, les causes et les auteurs ne sont toujours pas clairement identifiés, matérialise littéralement la destruction de la relation gazière germano-russe.

Lorsque le monstre paraît

Or, cette réduction des flux de gaz russe et la nécessité pour les pays européens, dont

1. Niña Chestney et Bozorghmer Sharafedin, «Analysis: Russian gas supply cap casts chill in Europe as winter nears», *Reuters*, 11 octobre 2022.

l'Allemagne, d'importer du gaz naturel liquéfié sur un marché mondial déjà sous tension aggravent très violemment l'inflation des prix de l'énergie. Les effets économiques s'en font très rapidement sentir, car l'Allemagne entre en récession dès le deuxième trimestre 2023, entraînant toute l'Europe avec elle[1].

Cette vulnérabilité énergétique et économique s'installe alors que la vulnérabilité du territoire européen au changement climatique augmente rapidement. Ce changement d'échelle du risque climatique était déjà visible, par exemple les 14 et 15 juillet 2021, quand des précipitations exceptionnelles ont provoqué des crues de plusieurs fleuves et rivières, inondant la Rhénanie-Palatinat et la Rhénanie-du-Nord-Westphalie, le nord de l'Autriche, près du tiers de la Belgique et le Grand Est français[2]. Durant l'été 2022, la sécheresse touche toute l'Europe occidentale, orientale et centrale, ce qui provoque des mégafeux en Gironde et affecte toute la production agricole européenne, ainsi que la production d'hydroélectricité[3].

Le forçage thermique d'El Niño va très certainement accentuer cette vulnérabilité climatique européenne, en particulier par l'intensité

1. Olesya Dmitracova, « Germany falls in recession as German consumers spend less », CNN, 25 mai 2023.
2. « Inondations en Allemagne et en Belgique : les raisons d'un bilan si meurtrier », *Géo*, 17 juillet 2021.
3. Arnaud Dumas, « Canicules marines, incendies, sécheresse, vagues de chaleur… L'été 2022 sous le coup du changement climatique », *Novethic*, 26 juillet 2022.

croissante des vagues de chaleur ; leur multiplication va notamment amplifier l'utilisation des 126 millions de climatiseurs qui équipent les foyers et les immeubles de bureaux des pays de l'Union européenne. Par ailleurs, les plus grandes incertitudes pèsent sur la nature de l'hiver 2023-2024, car le changement climatique peut induire des variations de température de plus en plus grandes, et El Niño risque d'accentuer ces variations. Si l'hiver s'accompagne d'épisodes de très basses températures, à la faveur par exemple d'un vortex polaire, cela va entraîner une hausse de la demande en électricité et en gaz, et ainsi une nouvelle hausse des cours et des tensions au niveau de la production[1].

Cette hausse de la demande se heurterait aux limites des capacités de production d'EDF, ainsi que des grands fournisseurs de gaz que sont la Norvège, l'Algérie, l'Azerbaïdjan et les États-Unis. Dans ce dernier cas, il faut se rappeler que les infrastructures américaines de transformation du gaz naturel en gaz liquide par refroidissement sont sous-dimensionnées par rapport à la hausse globale et européenne de la demande. Par ailleurs, entre 2021 et le premier trimestre 2023, la part de gaz américain dans les approvisionnements énergétiques européens est passée de 5 à 20 %. En 2022, l'Europe a importé plus de 56,3 milliards de mètres cubes de gaz naturel

1. Jean-Michel Valantin, « La longue stratégie russe en Europe », *Le Grand Continent*, 10 février 2023.

liquéfié, soit plus de 153 % par rapport à l'année précédente[1]. L'Europe se retrouve ainsi largement dépendante des États-Unis. Cette dépendance deviendrait un risque si la surconsommation d'eau aux États-Unis s'aggravait. Alors que l'industrie gazière par fracturation requiert d'énormes volumes d'eau, l'intensification de la sécheresse par El Niño sur les grandes zones d'extraction de gaz de schiste dans le Dakota du Nord et au Texas fera entrer cette consommation industrielle d'eau en concurrence avec d'autres besoins, notamment agricoles et urbains.

L'Europe en danger

Le risque est très élevé d'impacts violents d'El Niño sur ces tensions générées propres à la production et au marché international du gaz naturel dont dépendent largement les économies des États européens. La difficulté d'accéder à des quantités suffisantes de gaz, d'électricité, d'engrais, aurait pour conséquence des plafonnements de production agricole et énergétique. Il en découlerait des baisses d'activité économique. Or celles-ci semblent se manifester dès le premier semestre 2023 par l'entrée en récession de l'Allemagne, qui ne peut qu'avoir des conséquences dramatiques pour les autres États européens, en raison du rôle de « moteur » économique que Berlin assurait jusqu'à

1. « GNL américain : le nouveau piège qui guette l'UE », *Connaissance des énergies Newsletter*, 6 juillet 2023.

présent. Les situations de stagnation économique, voire de récession, combinées aux hausses régulières des taux d'intérêt et de l'inflation, vont priver les États d'une part importante de leurs recettes et ainsi de leur capacité à assurer leur sécurité énergétique, alimentaire et sanitaire, au moment où El Niño va dégrader de manière systémique les conditions de vie.

Cette pression combinée d'El Niño et du changement climatique s'exerce d'ores et déjà en Europe. D'importantes vagues de chaleur au travers du continent se manifestent depuis le printemps 2023. Il risque d'en découler des baisses des rendements agricoles qui engendreraient une double hémorragie financière, du fait de la hausse des prix et des importations forcées par cette situation.

Ainsi, en mai 2023, alors que le retour d'El Niño est largement acté, la sécheresse historique et la vague de chaleur qui s'abattent sur le pays en mars-avril 2023 affectent plus de 80 % de la production agricole espagnole, causant l'effondrement de la production agricole locale[1]. Cette crise se répercute déjà dans tout le système agroalimentaire européen, ce grand pays exportateur de produits agricoles devant importer pour sa propre consommation, en particulier des produits agricoles néerlandais.

Cette crise agricole espagnole se transforme en crise politique européenne quand, le 8 juin 2023,

1. « Pourquoi le "potager de l'Europe", au sud-est de l'Espagne, est-il au cœur d'une guerre de l'eau ? », *Géo*, 2 mai 2023.

les représentants de l'Espagne et de l'Allemagne dénoncent la décision de la Commission de Bruxelles d'imposer un moratoire sur les importations de blé, de maïs, de colza et de graines de tournesol ukrainiens. Or importer ces productions ukrainiennes permettrait à l'Espagne d'atténuer le choc agricole qu'elle subit. La Commission avait pris la décision de ce moratoire en avril 2023 sous la pression de la Pologne et de la Hongrie[1].

En effet, ces deux pays craignent que les importations massives de céréales ukrainiennes lancées par l'UE depuis mars 2022 fassent chuter les cours au niveau national. Or, la Commission européenne a porté cette politique d'importations dès mars 2022 pour compenser les effets économiques du blocus imposé par la marine russe aux ports, et ainsi aux exportations céréalières ukrainiennes. En 2022, un compromis permettant les exportations maritimes a pu être trouvé avec la Russie. Suite aux protestations de l'Ukraine, de l'Espagne et de l'Allemagne, la Commission négocie avec la Pologne, la Hongrie, la Roumanie, Slovaquie, la Bulgarie pour que ces États garantissent le transit des céréales ukrainiennes, tout en leur accordant à la fois une aide exceptionnelle de 100 millions d'euros et la permission de prolonger leurs politiques nationales de restriction des

1. Julia Dahms et Paula Andrès, « L'Allemagne et l'Espagne reprochent à la Commission d'avoir restreint les importations ukrainiennes », *Euractiv*, 8 juin 2023.

importations de céréales ukrainiennes sur leurs propres marchés[1].

Ces crises « agro-politiques » en chaîne révèlent à quel point l'Union européenne et ses États membres sont pris entre plusieurs tenailles. Effets géopolitiques et géoéconomiques de la guerre en Ukraine, inflation, crise des approvisionnements en énergie et changement climatique : alors que la convergence de ces facteurs déstabilise déjà profondément l'Europe, El Niño vient augmenter le niveau de tensions de cette « méta-crise ».

Insurrection(s)

Le tout prend place dans des États européens déjà fragilisés par les effets financiers de la pandémie de Covid-19 entre 2020 et 2022, et par le retour de l'inflation. Cette crise européenne s'accompagne par ailleurs d'une forte délégitimation des gouvernements et des institutions. Les impacts d'El Niño peuvent donc être les déclencheurs de potentielles contestations et de révoltes, possiblement de plus en plus violentes. Celles-ci peuvent être renforcées par le contexte d'insécurisation financière, énergétique, alimentaire et thermique d'un continent qui en avait perdu l'habitude, voire la mémoire.

El Niño risque notamment de radicaliser ces tensions du fait de la pression toujours plus grande sur

1. « Céréales ukrainiennes : l'UE accorde une aide de 100 millions d'euros à 5 pays d'Europe de l'Est », *La Tribune*, 26 juin 2023.

le cycle de l'eau. En effet, la sécheresse affecte déjà l'Europe, notamment dans le Sud. En juin 2023, le stress hydrique qui frappe l'Espagne et la France est d'ores et déjà d'une durée et d'une ampleur historiques[1].

En France, si la sécheresse affecte l'agriculture, elle affecte aussi le secteur de l'énergie, en diminuant le niveau des rivières et des fleuves et en les réchauffant. Le risque est donc grand que tant que durera El Niño 2023, la température des cours d'eau utilisés pour refroidir les réacteurs du parc nucléaire français ne force EDF à arrêter plusieurs réacteurs, comme cela a été le cas lors des précédentes canicules, dont celle de 2003, et de réduire la production d'électricité nucléaire. D'autant que si cette électricité est consommée en France, elle est aussi exportée en Europe, et que les 126 millions de systèmes de climatisation actifs en Europe causeront un pic de demande. Il en découlerait d'importants risques de délestages, voire de *black-out*. Durant les mêmes périodes, la baisse du niveau des cours d'eau ou des réservoirs pourrait aussi affecter la production hydroélectrique des barrages[2]. Cette combinaison d'El Niño, du changement climatique et du ralentissement de la production électronucléaire et hydroélectrique à l'échelle de la

1. « L'Europe est la région du monde qui se réchauffe le plus rapidement : + 2,3 °C en 150 ans », *Futura Sciences*, 20 juin 2023.
2. Marie-Adelaïde Scigagcz, « Le manque d'eau peut-il mettre la France en panne électrique ? », France Info, 3 mai 2023 ; et Annie Podeur *et al.*, « L'adaptation au changement climatique du parc de réacteurs nucléaires », Cour des comptes, mars 2023.

France et de l'Europe plongerait des dizaines, voire des centaines de millions de personnes dans l'insécurité sanitaire, en affaiblissant le « climat artificiel tempéré » intérieur face aux assauts de la chaleur.

L'altération de la production d'électricité française du fait de l'aggravation des effets du changement climatique par El Niño peut donc exercer des conséquences énergétiques en cascade au sein des États membres de l'Union européenne, se combinant aux autres tensions déjà évoquées en les intensifiant.

Il est frappant de constater que cette dynamique de couplage des usages de l'eau et de la sécheresse, voire de l'aridification, multiplie les conflits d'usages, qui risquent de devenir de plus en plus violents. Ainsi, en France, à Sainte-Soline, dans les Deux-Sèvres, a lieu le 25 mars 2023 une manifestation suscitée par le mouvement écologiste « Les Soulèvements de la Terre ». Interdite par la préfecture, cette manifestation vise à protester contre la création d'une « méga-bassine », une retenue d'eau permettant de capter en surface de l'eau pompée de la nappe phréatique, afin d'être utilisée par des agriculteurs. D'autres agriculteurs, ainsi que des associations écologistes, dénoncent cette opération, qui selon eux reviendrait à détourner de l'eau au détriment des autres et des écosystèmes locaux, tout en appauvrissant la nappe phréatique commune. La manifestation se transforme en un affrontement complexe, d'une violence inédite, qui oppose les forces de l'ordre lourdement équipées à des militants associatifs, des représentants de partis politiques, et des groupes radicaux et violents de la mouvance «black blocs»[1].

Le conflit de Sainte-Soline peut être littéralement compris comme une «fonction émergente» d'un conflit d'usage pour l'eau, que, de fait, l'État n'a pas été en mesure de prévenir ni d'arbitrer – dans une région qui, historiquement, était particulièrement humide et bien approvisionnée en eau.

L'extension de la sécheresse à l'ensemble du territoire, alors que l'emballement climatique risque d'en renforcer les conditions, peut donc induire une prolifération des conflits d'usages pour l'eau et leur dégradation en affrontements, larvés ou violents. Il est à craindre que n'émerge une situation de conflictualité généralisée autour de l'accès à l'eau et de ses usages, industriels, agricoles et humains, à l'échelle nationale.

Par ailleurs, cet affaiblissement de l'État risque de s'accentuer par l'émiettement et la fatigue des forces de sécurité. Très sollicitées depuis 2015-2016 et le plan Vigipirate suite aux vagues d'attentats islamistes, puis en 2018-2019 pour la répression du mouvement des «Gilets jaunes», intimement lié à la hausse des prix de l'énergie[2], mais aussi pour maintenir l'ordre et le contrôle des protocoles sanitaires entre 2020 et 2022 pendant la pandémie de

---

1. Christophe Bonneuil, «Être prêt à tuer pour protéger un tas de terre en dit long», *Reporterre,* 30 mars 2023.
2. Matthieu Jubin, «Dépendance au pétrole: "Les Gilets jaunes sont des lanceurs d'alerte": interview de Matthieu Auzanneau, directeur du Shift Project», *TF1 Info*, 24 mars 2019.

Covid-19, elles doivent faire face à l'explosion de violences urbaines qui se déroulent en France à l'échelle nationale en juin-juillet 2023.

Dans cette même dynamique de troubles sociaux et ce contexte climatique, énergétique et géopolitique complexe, le gouvernement allemand est soumis à de puissantes divisions internes. Alors que l'Allemagne est entrée en récession en mai 2023, le parti d'extrême droite AfD remporte une victoire électorale historique lors d'un scrutin régional en Thuringe[1]. Précisément au même moment, l'Autorité des voies navigables et de la navigation du Rhin surveille au plus près le goulet d'étranglement nautique de Kaub, point de passage essentiel sur le Rhin, principale voie de communication entre Rotterdam, les zones industrialisées du nord du Rhin et le sud de l'Allemagne, car le tirant d'eau n'est déjà plus que de 1,26 m le 28 juin 2023. En effet, si le niveau du fleuve continue de baisser, cela ralentira encore l'activité économique du pays. On peut même envisager que durant des périodes indéterminées cette portion du fleuve ne soit plus navigable, ce qui ne pourrait qu'accentuer la récession de l'économie allemande, et avec elle celle de la France et de l'Europe.

C'est pour cela qu'il est possible d'imaginer qu'un accroissement des flux migratoires venus d'Afrique et du Moyen-Orient s'accompagne de très fortes tensions politiques en Europe ; la question

1. David Philippot, « Allemagne : l'AfD franchit le barrage républicain en Thuringe », *Le Figaro*, 25 juin 2023.

migratoire et confessionnelle devient centrale dans de nombreux débats politiques nationaux[1], d'autant que les politiques migratoires des États membres diffèrent.

Si El Niño risque de rapidement aggraver les troubles sociaux, politiques et économiques en Europe, il peut aussi renforcer la montée des tensions entre les États-Unis et la Chine, en exerçant une « polymenace » directe sur ces grandes puissances.

1. Harald Welzer, *Les Guerres du climat. Pourquoi on tue au XXIe siècle*, 2008, traduit de l'allemand par Bernard Lortholary, Paris, Gallimard, 2009.

11

Les deux empires et El Niño

L'état de conflit géoéconomique qui existe entre la Chine et les États-Unis depuis 2018 s'inscrit dans cette situation de vulnérabilité face au changement climatique. Sa rapide amplification par El Niño contribue à rebattre les rapports de forces entre les deux grandes puissances[1].

On ne peut que constater que l'État chinois développe les stratégies nécessaires pour faire face aux chocs induits par le changement climatique, ce qui semble nettement moins certain au niveau américain. En d'autres termes, la « nouvelle guerre froide » entre les États-Unis et la Chine a aussi le potentiel de se transformer en affrontement pour l'accès aux ressources nécessaires au maintien de la cohésion nationale chinoise, alors que celle des États-Unis est déjà gravement menacée.

De la crise climato-stratégique américaine

En effet, aux États-Unis, déjà lourdement affectés par la crise climatique, le risque est très élevé

1. Jean-Michel Valantin, *L'Aigle, le Dragon et la crise planétaire*, Paris, Le Seuil, 2020.

qu'El Niño aggrave les fortes tensions sociales et politiques intérieures. Celles-ci se combinent à l'engagement militaire et financier américain aux côtés du gouvernement ukrainien face à la Russie, à la montée en puissance du conflit avec la Chine et à une crise migratoire sans précédent à la frontière avec le Mexique.

Cette dernière est d'ailleurs en train de devenir un moteur des conflits qui traversent le débat politique américain, dont les niveaux de violence atteignent un niveau historique. La crise migratoire se traduit notamment par le nombre d'arrestations pour des tentatives d'entrée illégale sur le territoire américain. Il n'est que de 16 182 en avril 2020, un record historique dû à la fermeture des frontières en réaction à la pandémie de Covid-19 pendant le mandat présidentiel de Donald Trump, avant de monter à 225 000 en mai 2022[1], en raison de la fin des restrictions sanitaires, dites « titre 42 » décidées par l'administration de Joe Biden. Ce flux migratoire oscille désormais entre 150 000 et 206 000 tentatives par mois. Durant les deux années de mise en œuvre du titre 42, les autorités douanières américaines se sont livrées à plus de 2,8 millions d'expulsions du territoire[2]. Les causes de la vague migratoire à la frontière américano-mexicaine sont

1. John Gramlich, « Monthly encounters with migrants at U.S-Mexico Border remain near record highs », Pew Research Center, 13 janvier 2023.
2. Jason Hanna, Ray Sanchez, Rosa Flores, « US Border communities declare state of disaster as Title 42's expiration sets the stage for a migration rush », *CNN*, 12 mai 2023.

étroitement liées aux effets de la crise climatique. Alors que l'Amérique centrale se dessèche, que les paysans du Honduras, du Salvador, du Costa Rica, du Salvador et du sud du Mexique font massivement faillite, et que les mégapoles y sont aussi dysfonctionnelles qu'hyperviolentes, des flux migratoires toujours plus massifs se dirigent vers le nord, pour entrer aux États-Unis et s'y diffuser dans l'hinterland[1]. Aux États-Unis, les répercussions politiques de cette immense crise migratoire se condensent dans le débat lancé en 2016 par Donald Trump, alors candidat à la présidence des États-Unis, lorsqu'il propose la création d'un mur à la frontière entre les États-Unis et le Mexique. Son successeur à la Maison-Blanche et adversaire Joe Biden décide d'une politique beaucoup plus accommodante, alors que des flux migratoires d'une ampleur historique se pressent à la frontière entre les deux pays.

Du point de vue socio-climatique, cette crise migratoire est un signal provenant de l'extérieur ou de la périphérie immédiate des États-Unis. Cependant, son caractère toujours plus massif s'inscrit dans le contexte d'une Amérique qui connaît une polarisation accélérée sur le plan politique et social[2]. Les enjeux politiques associés aux politiques migratoires

1. Lt Commander Oliver Leigh-Barrett, « Central America: climate, drought, migration and the Border », The Center for Climate and Security, 17 avril 2019.
2. Jared Diamond, *Bouleversement. Les nations face aux crises et au changement*, Paris, Gallimard, 2020.

deviennent ainsi des marqueurs entre non plus seulement le Parti démocrate et le Parti républicain, mais entre le « camp libéral » et le « camp conservateur ».

Or, le compromis politique entre ces deux camps a été le mode de régulation propre à la vie politique américaine du niveau fédéral au niveau le plus local tout au long du XXe siècle. Mais ce fonctionnement a quasiment disparu entre l'élection de George Bush Jr en 2001 et celle de Joe Biden en 2020. Aussi, aux États-Unis, les enjeux sociaux et politiques majeurs, comme la politique migratoire, mais aussi la problématique énergie-climat, deviennent autant de marqueurs qui participent à la polarisation et à la montée aux extrêmes d'un débat politique de plus en plus violent.

C'est dans ce contexte politique que se multiplient les signaux intérieurs de la vulnérabilité du territoire au changement climatique. Ainsi, en 2005, l'ouragan Katrina n'a dévasté « qu'une partie » de la Louisiane et a déclenché l'inondation de la « seule » Nouvelle-Orléans. Mais en octobre 2012, Sandy, qui se forme dans la mer des Caraïbes, parcourt toute la côte Est des États-Unis, atteint le Québec puis l'intérieur des États-Unis, jusqu'à la région des Grands Lacs.

En 2017, la super-tempête Harvey s'accompagne de dévastations colossales du Texas à la Floride, avant d'être suivie par Irma. En 2018, Michael dévaste des villes entières du sud-est des États-Unis[1].

1. David Wallace-Wells, *La Terre inhabitable, op. cit.*

Les épisodes de « bombes cycloniques » se multiplient tandis qu'en hiver, les « vortex polaires » deviennent récurrents. En atteste la catastrophe de février 2021. Une bouffée d'air arctique traverse le territoire américain, plongeant des régions entières dans des températures glaciales. Cette séquence particulièrement violente inflige d'immenses dégâts au Texas, en détruisant massivement les canalisations collectives et individuelles, ce qui entraîne des inondations dans des dizaines de milliers de foyers. Plus de 4 millions de personnes sont exposées à un froid polaire alors que la pandémie de Covid-19 fait rage[1].

En parallèle, depuis le début des années 2010, la prolifération des incendies et des mégafeux est telle que la réalité qui en émerge semble devenir « anormalement normale ». C'est tout l'ouest et le nord-ouest des États-Unis et du Canada qui, chaque année, sont désormais ravagés par le feu. Certains épisodes, comme les mégafeux en Alberta en 2016 et en 2022, menacent directement les gigantesques installations pétrolières et pétrochimiques qui exploitent les gisements de schistes bitumineux canadiens. Entre mai et juin 2023, les mégafeux nord-américains et canadiens sont d'une telle intensité que, début juillet 2023, ils ont déjà consumé une surface boisée équivalente à l'Autriche[2].

1. Jean-Michel Valantin, « Losing Texas to climate change and Covid-19? », *The Red Team Analysis Society,* 16 mars 2021.
2. Léopold Picot, « Le Canada toujours en proie à d'immenses incendies et à leurs conséquences dévastatrices », RFI, 2 juillet 2023.

Dans ce « nouvel anormal », si les sécheresses et les méga-incendies canadiens et américains, intensifiés par El Niño, continuent de prendre de l'ampleur, c'est l'ensemble de la filière pétrolière et gazière nord-américaine qui peut se retrouver menacée. Au Canada, la prolifération des mégafeux va mettre en danger les infrastructures de l'industrie énergétique, comme cela a failli être le cas en 2016, lors de la fin du précédent cycle d'El Niño. Aux États-Unis, les grandes zones de production de gaz et de pétrole de schiste, en particulier le Dakota du Nord et le Texas, sont particulièrement touchées par la sécheresse. Or, la pratique industrielle de la fracturation hydraulique des roches-mères qui contiennent le gaz ou le pétrole nécessite d'accéder à de considérables quantités d'eau[1].

Ce dernier facteur prend une importance toujours plus grande. Car la population texane connaît une croissance rapide, en raison précisément de l'attractivité induite par le renouveau de l'exploitation des hydrocarbures grâce à la fracturation hydraulique. De 20 millions d'habitants en 2000, le Texas passe à plus de 30 millions de personnes en 2020. Cela fait de la mégapole de Dallas-Fort Worth l'une des zones urbaines au développement le plus rapide au monde. Il en découle aussi une consommation d'eau toujours croissante. Il est à noter que déjà en 2015, l'intense sécheresse subie par le Texas et largement aggravée par El Niño

1. Matthieu Auzanneau, *Pétrole. Le déclin est proche*, *op. cit.*

avait entraîné de premiers questionnements sur la nécessité de mieux arbitrer les usages de l'eau entre l'industrie pétrolière et gazière, les activités agricoles et la consommation humaine.

Le Texas, comme l'Arizona et le Nouveau-Mexique, est affligé d'un climat aride. Son sous-sol abrite certains des plus grands aquifères d'Amérique du Nord, dont l'aquifère Ogalalla. Ces aquifères fournissent jusqu'à présent l'eau nécessaire aux opérations de fracturation hydraulique, au bas mot 1 700 000 tonnes d'eau par jour[1]. Le modèle de gestion de la ressource en eau porté par l'industrie est de gérer l'épuisement de l'aquifère d'ici à 2070.

Face à la hausse des prix de l'eau, les usages industriels et agricoles entrent en concurrence féroce, dans une zone affectée par des sécheresses toujours plus importantes. Des mesures de recyclage de l'eau utilisée pour le « fracking » sont en cours d'élaboration, de même que la rénovation du réseau de traitement d'adduction d'eau du Texas. Par ailleurs, ce réseau vieillissant est particulièrement vulnérable aux événements climatiques extrêmes comme les vagues de chaleur, mais aussi les épisodes de « *polar vortex* ».

Dans l'intervalle entre le retour officiel d'El Niño en juin 2023 et la mise en œuvre de ces projets de recyclage de l'eau polluée, l'activité de fracturation hydraulique entrera en compétition avec les

1. Dylan Baddour, « Fracking waste gets a second look to ease looming West Texas water shortage », *Inside Climate News*, 19 décembre 2022.

autres besoins en eau, dont les prix augmentent. Toute hausse des prix de l'eau est de fait répercutée sur l'industrie du pétrole et du gaz de schiste. L'histoire du climat et des précédents épisodes d'El Niño laisse présager que la sécheresse risque de s'aggraver et d'affecter des zones toujours plus importantes. Le dôme de chaleur qui s'étend pendant près de trois semaines au Texas dès la mi-juin jusqu'au début juillet 2023, avec des températures qui atteignent les 46 °C, en est un signal fort. La sécheresse intensifiée par El Niño 2023 va donc probablement peser sur les prix de l'énergie, aux États-Unis comme dans le reste du monde.

Méga-sécheresse et politique(s) de guerre(s)

Ces phénomènes récurrents s'inscrivent dans un phénomène encore plus inquiétant, à savoir la méga-sécheresse qui frappe les grandes plaines agricoles américaines, du Midwest au sud-ouest des États-Unis[1]. Le maintien des rendements, voire leur augmentation, nécessite des achats d'eau et d'engrais qui pèsent toujours plus sur les comptes des exploitations agricoles. Or la sécheresse pluriannuelle, entrecoupée d'événements extrêmes comme les inondations, met sous tension les prix des cultures les plus globalisées, en particulier les cultures céréalières. Elle se prolonge en 2023, où les

1. A. Park Williams *et al.*, « Rapid intensification of the emerging southwestern North American megadrought in 2020-2021 », *Nature Climate Change*, 21 février 2021.

premiers effets d'El Niño 2023 aggravent la situation hydrique américaine, en particulier dans les États du Sud et du Sud-Ouest. L'ensemble renforce les risques inflationnistes générés par la guerre en Ukraine sur les marchés internationaux des céréales.

Il se trouve que les États-Unis, principal pilier de l'OTAN, investissent massivement dans la guerre, en soutenant tant l'économie que l'armée ukrainiennes, par l'envoi entre mars 2022 et juin 2023 de près de 44 milliards de dollars d'aide militaire[1] sous la forme de matériels lourds, de munitions, en intégrant l'armée ukrainienne aux boucles d'information, de reconnaissance et de décision opérées par observation satellitaire et par drones. Cette intégration de l'armée ukrainienne au système militaire américain est complétée par le positionnement de la constellation de satellites Star Link d'Elon Musk au-dessus de l'Ukraine afin de maintenir la continuité des services Internet.

Cet investissement stratégique et militaire s'opère simultanément à l'escalade des tensions politiques et géoéconomiques entre Washington et Pékin. Depuis 2018 et le déclenchement de la guerre commerciale et technologique avec la Chine, Washington s'engage aussi dans une escalade des tensions militaires avec la Chine, en faisant de Taïwan l'enjeu où ces risques se condensent et se mêlent aux rivalités militaires, industrielles et technologiques entre ces deux grandes puissances.

---

1. *Ukraine War Tracker*, Kiel Institute for World Economy.

Le risque est conséquemment très élevé qu'El Niño n'aggrave les tensions intérieures américaines, tout en déstabilisant les productions énergétiques et agricoles états-uniennes, au moment où Washington est engagé dans une double stratégie d'affrontement militaire « par délégation » avec la Russie et de conflit géoéconomique avec la Chine. Cependant, El Niño va aussi lourdement peser sur les vulnérabilités chinoises.

El Niño et l'« airpocalypse chinoise »

Les réponses à ces enjeux se traduisent dans les politiques que défend Xi Jinping depuis son élection au poste de secrétaire général du Parti communiste chinois en 2012 et comme président de la République populaire en 2013. Parmi ces réponses, la politique de « civilisation écologique », inscrite dans la Constitution chinoise en 2018, vise à corriger les dégâts effarants infligés à l'environnement et aux conditions de vie du peuple chinois depuis le début des années 1980, du fait des dynamiques croisées de croissance démographique, urbaine, industrielle et économique.

Les 340 000 centrales thermiques au charbon, dont le nombre a été multiplié par cinq entre 2000 et 2018, produisent 75 % de l'électricité consommée en Chine. Le choix de ce combustible pour le développement énergétique chinois se solde par l'émission de quantités phénoménales de gaz, de cendres, de suies, de particules fines, de résidus soufrés ainsi que de dioxyde de carbone. Les rejets aériens ainsi produits affectent l'ensemble des grandes zones urbaines et industrielles. La pollution sature l'air des villes et des campagnes ainsi que les sols, les fleuves et les rivières, recouvre les zones agricoles de poussière, tout en affectant la végétation, les rendements des récoltes et la santé de centaines de millions de personnes.

Mais en 2013, en Arctique, l'accélération de la fonte de la banquise perturbe puissamment les courants aériens arctiques et péri-arctiques. Ce phénomène bloque ceux qui assuraient une ventilation naturelle du nord de la Chine, zone la plus industrialisée du pays du fait de la présence de nombreuses mines de charbon et des parcs industriels qui se sont développés autour. Très rapidement, la pollution aérienne s'accumule dans l'atmosphère et se densifie quotidiennement, tout en se mélangeant à l'humidité de l'air et aux rejets de particules fines de millions d'automobiles[1].

Le « smog » ainsi produit tue plus de 1,3 million de personnes en 2013, soit l'équivalent de l'ensemble des pertes militaires françaises durant la Première Guerre mondiale. Or, à partir de 2013, les épisodes d'« airpocalypse » se répètent régulièrement, voire deviennent pérennes sur des régions entières. La densité de ce nuage toxique permanent est telle qu'elle filtre la lumière du Soleil, imposant ainsi une ambiance de « crépuscule permanent ». Ces niveaux

1. Jean-François Huchet, *La Crise environnementale en Chine*, Paris, Les Presses de Sciences Po, 2016.

de pollution affectent la santé, les conditions de vie et de travail et l'espérance de vie de la population chinoise, tout en ayant un impact majeur sur les écosystèmes.

Aussi, par ses effets sur l'Arctique, le cycle d'El Niño 2023 fait donc courir un danger majeur à la Chine en termes de santé publique, en ralentissant ou en bloquant les courants aériens et les vents qui renouvellent l'atmosphère du nord de la Chine. Soucieux d'atténuer l'« airpocalypse », Pékin cherche à diversifier ses sources d'énergie afin de diminuer les effets toxiques de la consommation de charbon. Cette volonté se matérialise le 21 mai 2014, quand, sous l'égide des présidents Vladimir Poutine et Xi Jinping, les États russe et chinois signent une première série d'accords gaziers, à hauteur de 400 milliards de dollars sur trente ans. En sécurisant des revenus et des investissements suffisants, ce train de contrats permet à Gazprom et à la China National Petroleum Company de lancer la construction du pipeline « Power of Siberia ». Ce gazoduc, qui relie les champs gaziers de Sibérie orientale à la Chine, est mis en ligne le 2 décembre 2019. Dès 2020, la Russie et la Chine étudient les modalités de son prolongement par « Power of Siberia 2 », en intégrant la Mongolie au projet[1].

Lors de la visite d'État de Xi Jinping à Moscou le 22 mars 2023, Vladimir Poutine annonce que les accords nécessaires pour la construction de « Power

1. Jean-Michel Valantin, « La Russie, la Chine, l'énergie : le grand alignement », *Le Grand Continent,* 5 juin 2023.

of Siberia 2 » sont conclus et qu'il pourrait transporter plus de 50 milliards de mètres cubes de gaz par an, sans doute entre 2025 et 2027, soit l'équivalent de la quantité de gaz qui était transportée par Nord Stream vers l'Allemagne.

La Chine bénéficie ainsi des effets de la guerre en Ukraine pour son approvisionnement énergétique. Même si les tarifs du gaz russe sont possiblement négociés à la baisse par la partie chinoise, l'accès toujours plus important au marché énergétique chinois permet à la Russie de compenser en partie la chute de ses exportations vers l'Allemagne. Dans le même mouvement, cette réorientation profonde de la Russie vers l'Asie renforce la sécurité énergétique de la Chine, ainsi que sa capacité à s'adapter aux effets du changement climatique, même amplifiés par El Niño.

Chine : la « grande stratégie » contre la faim

En renforçant les vagues de chaleur, les risques d'inondations à grande échelle et la sécheresse sur les vastes zones agricoles chinoises et d'Asie orientale, El Niño menace la sécurité alimentaire de toute cette région. Depuis près de vingt ans, Pékin travaille à atténuer ce risque, en développant une « grande stratégie de sécurité alimentaire » pour les 1,4 milliard de Chinois. Celle-ci repose sur des importations massives de produits agricoles, dans le cadre de la Nouvelle Route de la Soie. La dimension agroalimentaire de cette « grande stratégie » est particulièrement importante en raison de la vulnérabilité de la Chine au changement climatique, sachant que le pays représente 8 % des terres cultivables au monde pour 20 % de l'humanité. Toute menace sur l'alimentation met en jeu la cohésion sociale et politique de ce pays. Cette prise en compte par l'État chinois du danger climatique remonte à la période 2006-2011 quand, partout dans le monde, des événements climatiques extrêmes frappent les grandes zones de production agricole, touchant aussi les rizières chinoises.

En réponse à cette première alerte, le gouvernement chinois promeut l'achat ou la location de terres arables par des compagnies nationales, et ce à l'échelle mondiale. Depuis 2013, cette politique a largement changé d'échelle du fait de l'intégration de grands pays agricoles comme la Russie et l'Ukraine à la Nouvelle Route de la Soie.

Mais la vulnérabilité chinoise au changement climatique continue de s'aggraver, au point que les années 2021 et 2022 sont marquées par de gigantesques inondations et des vagues de chaleur qui entraînent une chute de plus de 20 % des rendements rizicoles[1]. Dans ce contexte, l'installation de la Nouvelle Route de la Soie dans les grandes régions agricoles européennes se révèle de plus en plus clairement comme un moyen pour la Chine de garantir sa sécurité alimentaire et de s'adapter au changement climatique, en se « branchant » à un

1. Erin Sikorsky, *China's climate security vulnerabilities*, The Center for Climate and Security, novembre 2022.

nombre suffisant de bassins alimentaires extérieurs pour atténuer les risques de baisse de production sur son territoire.

Cette multiplication des « branchements » de la Chine sur différentes zones de production agroalimentaire confère une grande agilité à la stratégie chinoise d'importations de ressources. Ainsi, en mars 2015, une société chinoise acquiert 1 700 hectares de terres agricoles en France, dont 900 hectares dans l'Allier. Des milliers d'autres hectares de terres agricoles et leurs récoltes ont été achetés depuis. En 2021, la Chine importe plus de 600 000 tonnes de blé français, et près d'un million de tonnes de blé et 5 millions de tonnes de maïs ukrainiens. En 2022, alors que la guerre en Ukraine fait rage, elle achète près de 1,5 million de tonnes de blé russe. Dans le même temps, les importations chinoises de produits agricoles européens atteignent des niveaux records. La même dynamique est à l'œuvre avec de nombreux autres grands pays agricoles, dont le Brésil. Cette politique a permis à la Chine d'accumuler des volumes importants de céréales, qui représentent près d'un an et demi de stock pour la population chinoise, soit près de 51 % des stocks mondiaux de blé[1] ! Par effet de contraste, cette politique de constitution de « greniers à blé » fait apparaître à quel point les pays occidentaux semblent se reposer sur les capacités de production des grandes zones de production agricole insérées

1. Shin Watanabe et Eiko Munakata, « China hoards over half the world's grain, pushing up prices », *Asia Nikkei*, 23 décembre 2021.

dans la globalisation, comme le Midwest américain, mis sous pression par la sécheresse historique qui s'y déchaîne.

Comme on l'a vu, la Russie joue un rôle central dans les stratégies chinoises de développement énergétique et économique, et d'atténuation des chocs. En 2021 les importations chinoises de céréales ukrainiennes ont dépassé tous les records. Mais en 2022, la chute brutale des exportations ukrainiennes consécutives à l'offensive russe – et due notamment au blocage pendant plusieurs mois des ports ukrainiens – s'est accompagnée de l'ouverture du marché chinois aux importations de céréales en provenance de Russie, avec l'inauguration d'un nouveau pont ferroviaire permettant d'augmenter le trafic entre les deux pays en mars 2022, qui s'ajoute aux nombreuses autres infrastructures communes construites depuis une dizaine d'années.

Ces importations massives, rendues possibles par les infrastructures de la « Ceinture et de la Route », permettent non seulement à la Chine d'importer les denrées alimentaires nécessaires aux gigantesques besoins de la population chinoise, mais aussi d'accumuler des stocks de céréales. En d'autres termes, malgré les risques majeurs qu'El Niño 2023 va sans doute faire peser sur la planète entière, le partenariat stratégique sino-russe et les politiques de Nouvelle Route de la Soie comme de « civilisation écologique » confèrent à la Chine des capacités de résistance certaines aux chocs en cours ou à venir.

C'est dans ce contexte que, le 14 avril 2023, en visite d'État à Pékin, le président brésilien Lula da Silva signe une série d'accords avec son homologue Xi Jinping, en particulier dans le domaine agricole. Ces accords garantissent au Brésil de pouvoir importer des engrais chinois, et à la Chine de renforcer ses importations de produits agricoles brésiliens. La Chine importe aujourd'hui 80 % de son soja du Brésil et des États-Unis, à raison de 54,4 millions de tonnes pour le Brésil, et 29,5 millions pour les États-Unis[1]. Or jusqu'en 2018, les États-Unis représentaient la majorité des importations chinoises de soja. Ce retournement correspond à la décision de Pékin de réduire ses importations américaines, au bénéfice du Brésil, en réplique à la « guerre des tarifs douaniers » avec la Chine lancée par l'administration Trump. Face à cette hausse brutale de la demande chinoise de soja, la destruction de la forêt amazonienne, en cours depuis des décennies, s'est brutalement accélérée depuis 2018, durant la présidence de Jaïr Bolsonaro. Les gigantesques incendies qui ont détruit des pans entiers de la forêt ont permis à l'agro-industrie brésilienne d'étendre les surfaces cultivées de soja, afin de répondre à la demande chinoise.

Sachant que les cycles El Niño ont souvent des effets dévastateurs sur le bassin amazonien, qui peut alors être soumis à d'importantes sécheresses – comme celles dues au El Niño 2015-2016, qui

1. Genevieve Donnellon-May et Felipe Porto, « Brazilian soybeans and China's food security », *The Strategist*, 21 avril 2023.

a tué près de 2,5 milliards d'arbres en Amazonie du fait des sécheresses et des incendies[1] –, il est à craindre que l'El Niño 2023 ait des effets analogues ou pires. Auquel cas, il est envisageable que les surfaces brûlées soient conquises par l'agriculture du soja, ce qui permettra au Brésil de maintenir sa capacité de réponse aux besoins chinois. Ces derniers, en se combinant à El Niño, vont donc aggraver la destruction de la forêt amazonienne.

Par ailleurs, 88 % du soja importé en Chine est destiné à l'alimentation animale, dont celle du gigantesque troupeau de porcs, qui représente la moitié de la population porcine mondiale et joue un rôle majeur dans l'approvisionnement en protéines de la population. Une autre source essentielle de protéines animales est issue de la pêche. Or, l'état de quasi-guerre maritime pour l'accès aux ressources marines entre la Chine et de nombreux autres États, dont les États-Unis, entre aussi en escalade en raison de l'impact gigantesque du changement climatique sur l'océan, en voie d'être accéléré par El Niño.

1. Nicolás Bustamante Hernández, « 2015-2016 El Niño caused 2.5 billion trees to die in just 1% of the Amazon », *Mongabay*, 16 août 2021.

12

Le léviathan et les géo-ingénieurs

L'océan est en cours d'altération rapide, en raison des effets croisés de son réchauffement rapide, de la pollution, de l'acidification résultant de l'absorption d'une partie du trop-plein de CO_2 atmosphérique et de la désoxygénation entraînée par la moindre fixation de l'oxygène.

El Niño et l'asphyxie de l'océan

Des épisodes de désoxygénation sont concomitants aux premières alertes sur le retour d'El Niño 2023. Un nombre croissant d'échouages d'immenses bancs de poissons est enregistré sur les plages du monde entier, comme en janvier dans les Landes, par millions en mars en Australie, en juin au Texas. Par ailleurs, depuis l'hiver 2022-2023, les vagues de chaleur marine se multiplient, comme celles de juin 2023 dans l'Atlantique et dans la Méditerranée. Elles menacent directement les différentes formes de vie océaniques et marines.

La hausse de la chaleur de l'océan se conjugue aux effets de l'eutrophisation, à savoir le lessivage des engrais agricoles par le biais des pluies et des cours d'eau. Ces apports de nutriments stimulent des «booms» de croissance des phytoplanctons, ce qui consomme l'oxygène de zones entières, y déclenchant la mort par asphyxie de toute vie marine[1]. Une zone morte d'au moins 23 000 kilomètres carrés est désormais présente dans le golfe du Mexique, alors que des millions de poissons morts d'asphyxie ont échoué sur la plage de Quintana Beach au Texas[2].

D'autres zones mortes sont beaucoup plus vastes, comme celle de la mer d'Arabie, d'une surface de près de 165 000 kilomètres carrés, soit l'équivalent de la Floride, ou celle de 60 000 kilomètres carrés découverte dans le golfe du Bengale, qui menace les moyens de subsistance de 200 millions de personnes en Inde, au Bangladesh, en Birmanie et en Thaïlande, sans parler de celles de plus petite taille, comme celles qui prolifèrent en mer de Chine du Sud. De plus, les températures de surface de l'océan, que ce soit dans l'Atlantique ou le Pacifique, n'ont jamais été aussi élevées dans l'histoire des relevés.

Guerre et pêche

Et comme le signale la vague de chaleur sous-marine qui traverse l'Atlantique Nord du sud au

1. Harry Pettit, «"The ocean is suffocating": Fish-killing dead zone is found growing in the Arabian Sea – and it is already bigger than SCOTLAND», *Mail on Line*, 27 avril 2017.
2. Mike Ludwig, «Dead fish, flesh eating bacteria at the beach are warnings from a warming ocean», *Truth Out*, 13 juin 2023.

nord en juin 2023, El Niño 2023 va donc probablement renforcer cette tendance, qui pèse toujours plus sur les animaux marins. Aussi est-il parfaitement envisageable d'anticiper que la flotte de pêche chinoise devienne encore plus agressive, afin de répondre à cette grave menace sur la sécurité alimentaire de l'empire du Milieu.

Mais elle sera alors certainement perçue comme un danger par nombre de pays ayant des façades maritimes, qui seront amenés à défendre leurs propres zones économiques exclusives et leur accès aux bancs de poissons de haute mer. El Niño 2023 peut donc faire émerger une guérilla internationale entre la flotte de pêche chinoise et les flottes de pêche nationales, ainsi que les marines nationales et les gardes-côtes qui seront impliqués[1].

Pour conserver un avantage stratégique dans cette course aux ressources d'un océan en cours de rapide dégradation, la Chine a lancé une gigantesque opération navale[2]. Et les premiers effets déjà catastrophiques d'El Niño vont certainement l'amener à amplifier cette opération. Celle-ci se fonde sur le développement de la flotte de pêche engagé depuis les années 1980. Composée à l'origine de quelques centaines de navires, essentiellement capables de naviguer en mer de Chine du Sud, et de seulement 13 navires hauturiers, la flotte de pêche

1. Joshua Goodman, « China fishing fleet defied US in a standoff in the high seas », AP, 1er novembre 2022.
2. Jean-Michel Valantin, « The Chinese fishing fleet, Influence and hunger wars », *The Red Team Analysis Society*, 20 avril 2021.

chinoise est devenue un léviathan de navires hauturiers, dont le nombre officiel est de 300 navires. Mais d'après plusieurs estimations menées tant par des organismes de recherche que par des ONG de préservation de l'environnement marin, le nombre réel de navires de pêche hauturiers chinois pour la pêche en eau profonde pourrait être de près de 17 000[1].

Pour comparaison, la flotte de pêche américaine compte 300 navires hauturiers. La flotte chinoise capture officiellement 15,2 millions de tonnes de poissons par an, soit plus de 20 % des prises mondiales, sachant que la population chinoise consomme près de 38 % de la production mondiale de poissons (qui inclut la pêche en haute mer et l'aquaculture). La consommation moyenne de poissons des Chinois est de 35 kilos par an, à comparer à la consommation moyenne mondiale de 18 kilos. La pêche joue donc un rôle crucial dans les habitudes comme dans la sécurité alimentaire chinoises.

C'est dans ce contexte que, depuis les années 2010, le gouvernement chinois a fait profondément évoluer la taille de la flotte et les capacités des navires, par le biais d'une politique de soutien à la production de navires neufs, aux coques en acier, tous reliés au système Baidu de positionnement global. Ces évolutions techniques permettent

1. M. Guttierez, A. Daniels, G. Jobbins, G. Guttierez Almazor, C. Montengro, *China's Distant Water Fleet: Scale, impact and governance*, ODI, 2020.

aux milliers de navires chinois de se coordonner avec leur marine nationale. En mer de Chine du Sud, cette modernisation de la flotte chinoise lui confère un avantage logistique et paramilitaire formidable face aux flottes concurrentes provenant du Vietnam, d'Indonésie ou des Philippines. La flotte de pêche chinoise est un formidable outil de sécurité alimentaire autant que d'influence géopolitique[1].

Depuis le début des années 2010, la flotte chinoise se projette dans les eaux d'Afrique de l'Est et de l'Ouest, y épuisant rapidement les ressources dont vivaient les communautés littorales. Les multiples escadres de navires chinois se projettent aussi désormais dans les eaux latino-américaines de l'Atlantique Sud comme du Pacifique Sud, en particulier pour y pêcher le calmar. Dans le seul Pacifique Sud, depuis 2009, le volume des prises chinoises est passé de 70 000 tonnes/an à plus de 358 000 tonnes/an. Les pratiques de pêche particulièrement agressives de la flotte chinoise déclenchent de plus en plus d'incidents, ainsi que des échanges de coups de feu et des abordages[2], comme ce fut le cas avec les gardes-côtes équatoriens.

1. Christopher Pala, « China's Monster Fleet », *Foreign Policy*, 30 novembre 2020 ; et Ian Urbina, « The Deadly secret of China's invisible Armada », *NBC News*, 22 juillet 2020.
2. Joshua Goodman, « *Great wall of light: China's sea power on Darwin's doorstep* », AP, 24 septembre 2021.

Cette activité s'inscrit dans la profonde crise de l'environnement marin déclenchée par la dévastation des océans et le changement climatique[1], crise qui semble rapidement s'intensifier alors même qu'El Niño 2023 n'en est qu'au début de son cycle. Mais El Niño risque aussi d'accélérer la hausse du niveau de l'océan, aux effets aussi dramatiques que stratégiques tant pour la Chine que pour les États-Unis. Cette hausse est déclenchée par la conjugaison de la dilatation des eaux de surface du fait de l'absorption de la chaleur atmosphérique et de la fonte des calottes glaciaires terrestres – à savoir des glaciers montagnards et des calottes glaciaires groenlandaise et antarctique. Si le réchauffement atmosphérique accélère déjà la fonte des stocks de glace, le Groenland est aussi très sensible aux mégafeux qui ravagent l'Amérique du Nord. Le vent d'ouest pousse les gigantesques nuages de fumée vers l'Atlantique, et ces derniers déposent une couche de cendres et de suie sur la surface des glaciers. L'opacification de la glace entraîne une meilleure absorption et ainsi une intensification de la fonte[2].

Depuis la fin juin, ces panaches atteignent l'Europe. Ces téléconnexions entre le règne du feu imposé par El Niño sur le territoire américain et le Groenland risquent donc d'augmenter encore la

---

1. Ugo Bardi, *The Empty Sea: The future of the blue economy*, Milan, Springer, 2021.
2. Jeff Goodell, *The Water Will Come: Rising seas, sinking cities and the remaking of the civilized order,* New York, Little Brown, 2017.

vitesse de la hausse de l'océan. Enfin, la déstabilisation de l'Arctique, qui se réchauffe quatre fois plus vite que le reste de la planète, va être intensifiée par l'accélération de la fonte de la banquise estivale.

Par ailleurs, la calotte de l'Antarctique Ouest est sur le point d'être déstabilisée par le dégagement du glacier Thwaites, surnommé le « glacier de l'apocalypse » par les glaciologues. Si Thwaites, sorte de clé de voûte de la calotte glaciaire, est délogé, son déplacement risque de déclencher une réaction en chaîne composée d'un « train » de glaciers se déversant dans l'océan[1]. L'Antarctique se réchauffant par l'océan et par l'atmosphère, le risque est élevé que les injections de chaleur induites par El Niño dans les courants marins et aériens du Pacifique Sud n'accélèrent cette déstabilisation[2]. Le problème étant qu'en mai-juin 2023, le retrait historique de la banquise antarctique indique un réchauffement qui risque de déstabiliser plus encore le « glacier de l'apocalypse ».

L'US Navy face à El Niño

Quand cette déstabilisation aura lieu, ses effets vont très probablement se combiner à ceux de la fonte du Groenland, créant un « moteur bipolaire »

---

1. Jonathan Amos, « Antarctica Thwaites glacier at mercy of sea warmth increase », BBC, 15 février 2023.
2. Wenju Cai *et al.*, « Antarctic shelf ocean warming and sea ice melt affected by projected El Niño changes », *Nature Climate Change*, 20 février 2023.

de l'élévation du niveau de l'océan dont les conséquences prendront d'assaut les littoraux. L'US Navy, qui joue un rôle central dans la capacité de projection de force américaine, est particulièrement vulnérable à ce phénomène. Structurée en 9 flottes, dont 7 sont actives sur l'ensemble des mers et des océans, elle regroupe aussi les gardes-côtes ainsi que le corps des Marines. Plusieurs bases navales stratégiques sont installées sur le littoral américain, dont le complexe géant de Hampton Roads à Norfolk, en Caroline du Nord, où se trouvent les installations de radoubs nécessaires à la maintenance des porte-avions nucléaires américains. Or, depuis 1914, le niveau de l'océan sur les côtes de Caroline du Nord connaît déjà une hausse spectaculaire de 35,5 cm, ce qui accroît l'ampleur des marées, ainsi que la violence des tempêtes et des phénomènes de submersion. El Niño risque dès lors de renforcer le risque climatique dans cette zone stratégique. Cette accélération pourrait donc avoir des impacts prolongés et complexes sur les capacités et les missions de l'US Navy[1].

La Navy dispose aussi d'un réseau de bases navales à l'échelle mondiale. Celles-ci sont installées sur des îles, dont Hawaï, qui accueille l'Indo-Pacific Command, ainsi que sur des littoraux, entre autres, au Japon, aux Philippines, à Bahreïn, au Koweït,

1. Curt D. Stolarzzi *et al.*, « The impact of sea-level rise and climate change on department of Defense Installations on atolls in the Pacific ocean », Department of Defense Strategic Environmental Research and Development Program (SERDP), 21 février 2018.

au Qatar, aux Émirats arabes unis, à Djibouti, au Salvador, en Égypte, à Cuba, à Hong Kong (jusqu'à présent), en Corée du Sud, à Singapour, dans les îles Marshall, en Espagne, en Grèce, etc. La mission de l'US Navy est de pouvoir se projeter sur n'importe quelle mer ou sur n'importe quel littoral. Or, ces bases sont elles aussi directement menacées par la hausse du niveau de l'océan et la multiplication des super-tempêtes.

À l'échelle nationale, la base de Norfolk subit plus de 10 inondations par an et pourrait être incapacitée autour de 2030 par plus de 128 jours d'inondation par an, ce qui remettrait profondément en cause les capacités maritimes américaines[1]. Afin d'atténuer ce risque, une immense digue est en train d'être achevée pour protéger l'ensemble du périmètre de la base. Mais dix ans ont été nécessaires entre le lancement du projet de digue et sa finalisation. Cette durée illustre la difficulté logistique, mais aussi la lourdeur des processus de décision politique, administratif et financier, qui expliquent le caractère profondément clivant de la problématique du changement climatique dans l'univers politique américain. Or, la polarisation de la vie politique états-unienne est devenue telle que la mise au point de politiques bipartisanes est désormais un exercice de plus en plus difficile.

Cette difficulté ne va faire que s'accroître jusqu'en 2024, du fait de la tenue de l'élection présidentielle

1. Michael Klare, *All Hell Breaking Loose: The Pentagon's perspective on climate change*, New York, Metropolitan Books, 2019.

et de la radicalisation des postures politiques. Alors que les effets amplificateurs d'El Niño sur le changement climatique peuvent être dramatiques pour les États-Unis, les institutions américaines sont susceptibles d'être ralenties pendant dix-huit mois. Des mois qui seront stratégiques face à la montée en puissance d'El Niño, et pourraient priver les États-Unis d'une partie de leur capacité à mener des politiques nationales d'atténuation, ou au moins d'adaptation et de réduction du risque du changement climatique. Dans le même temps, l'amplification des risques que représente la hausse du niveau de l'océan pour l'US Navy amoindrit aussi, même si c'est encore de façon relative, les capacités maritimes de projection de la puissance militaire.

Tentation de la géo-ingénierie

Cette situation géopolitique planétaire, potentiellement catastrophique du fait de l'accélération induite par El Niño, peut entraîner certains gouvernements et entreprises privées vers des réponses jusqu'à présent considérées comme transgressives car potentiellement très dangereuses, à savoir celles relevant de la géo-ingénierie. En effet, face à notre planète en feu et en déluge, la possibilité est forte que des politiques de réponse immédiate à l'urgence climatique soient proposées[1].

---

1. Jean-Michel Valantin, « Climate emergency, AI and the (necessary?) rise of geoengineering? », *The Red Team Analysis Society*, 12 juin 2023.

Dans ce contexte, les recherches et les expérimentations visant à utiliser des moyens technologiques pour réduire l'insolation de la planète et ralentir les effets en cascade climatiques risquent de faire l'objet d'examens attentifs par les gouvernements dont les sociétés sont menacées par la convergence des crises[1].

Certains de ces projets envisagent l'injection de soufre dans l'atmosphère afin de « filtrer » les radiations solaires. D'autres sont fondés sur l'utilisation des capacités spatiales pour installer des constellations de miroirs spatiaux qui permettront de « doser » le degré d'insolation. Depuis 2018, le Groupe intergouvernemental d'experts sur le climat (GIEC) conseille prudemment d'étudier la faisabilité de ces stratégies, tandis que les Nations unies, l'administration Biden[2], des laboratoires de grandes universités comme Harvard ou Oxford ont lancé des programmes de recherche. Sachant que, par ailleurs, si El Niño 2023 exerce un forçage thermique tel que le niveau de réchauffement climatique atteigne la limite fatidique, et tragique, de +1,5 °C par rapport au XIXe siècle, il est à craindre que nous franchissions les seuils bioclimatiques. Ces dépassements infligeraient des dégâts systémiques d'une telle ampleur aux conditions de vie

1. John Shepherd *et al.*, « Geoengineering the climate: Science, governance and uncertainties », *The Royal Society*, 2009 ; et Clive Hamilton, « Geoengineering and the politics of science », *Bulletin of the Atomic Scientists*, 1er mai 2014.
2. James Temple, « The US government is developing a federal solar geoengineering research plan », *MIT Technology Review*, 1er juillet 2022.

sur Terre qu'il ne serait plus possible de revenir en arrière.

Par ailleurs, l'émergence rapide de l'intelligence artificielle et son couplage à la robotique permettent d'envisager que les moyens du numérique soient arraisonnés au service de la géo-ingénierie[1], alors que les capacités industrielles, minières et aérospatiales nécessaires à la géo-ingénierie existent déjà[2].

El Niño 2023 risque donc d'accélérer la mise en place de la géopolitique de la géo-ingénierie. À situations désespérées, mesures désespérées, au service de stratégies de lutte pour la survie. El Niño 2023 peut donc amener l'horloge de l'apocalypse à minuit moins 1 seconde. À nous de faire mentir ces prévisions.

---

1. Hélène Lavoix, « Portal to AI: Understanding AI and foreseeing the AI powered world » ; et « Portal to quantum information science and technology: Towards a quantum AI world? », *The Red Team Analysis Society*.
2. Fred Pearce, « Geoingineering the planet? More scientists now say it must be an option », *Yale 360°*, 29 mai 2019.

Conclusion

Nous sommes en juillet 2023. Entre cette date et la fin de son cycle, le forçage thermique imposé par El Niño risque de faire passer temporairement les températures globales de +1,2 °C à +1,5 °C. Nous serons alors collectivement projetés sur la « frontière » thermique définie par les climatologues comme le seuil planétaire à ne pas franchir, pour ne pas entrer dans une « zone d'invivabilité ». Il faut d'ailleurs espérer qu'El Niño n'en sera pas le déclencheur.

Entre autres, le réchauffement de l'Arctique pourrait causer une déstabilisation des quantités phénoménales de méthane stockées sous forme de cristaux accumulés sur les fonds sous-marins, ainsi que des émissions terrestres massives déclenchées par la fonte du permafrost. La durée de vie (c'est-à-dire le temps nécessaire à l'élimination de la moitié de ce gaz) du méthane est d'à peine douze ans, contre cent ans pour le dioxyde de carbone, mais il a un effet réchauffant 28 fois supérieur. Des émissions massives de méthane, tant terrestres que marines, entraîneraient une accélération foudroyante du changement climatique. Ce n'est là qu'un exemple des multiples réactions en chaîne que « l'excursion » vers 1,5 °C fait peser sur notre destin collectif, en transformant la Terre en « Terre serre », et donc en environnement global hostile, par altération profonde des conditions de vie dont nous dépendons.

Cette menace est d'autant plus importante que l'histoire des cycles El Niño sur les civilisations et les sociétés met en évidence les effets de bascule très brutaux qui peuvent en découler, en particulier en se combinant à des situations climatiques adverses. Par exemple, au XVIIe siècle, quand El Niño aggrave considérablement les conditions climatiques du « Petit Âge glaciaire » et accompagne le pic de mortalité mondiale propre à ce siècle, traversé d'immenses crises frumentaires, de guerres internationales et civiles d'une violence extrême, ponctué par un nombre considérable de chutes de gouvernements, voire de dynasties. Au XIXe siècle, l'Inde subit de gigantesques catastrophes climatiques et alimentaires, largement instrumentalisées par les politiques impériales britanniques, tandis qu'en Chine, ces chocs s'accompagnent de révoltes qui accélèrent la chute des institutions impériales.

Aussi, au moment où ces lignes sont écrites, les probabilités sont très élevées que le cycle d'El Niño 2023 ait des effets géophysiques et géopolitiques extrêmement dangereux. Cependant, cette mise en danger collective peut aussi faire émerger une compréhension collective, à l'échelle mondiale, de la menace qui pèse sur toutes les nations et sur toutes les personnes de cette Terre.

L'expérience partagée de cette menace va alimenter la compréhension et la réflexion sur l'enjeu du XXIe siècle, qui n'est autre que de conserver une planète habitable. Mais elle va aussi faire comprendre l'urgence d'agir, avant le retour d'un nouveau cycle El Niño, dans un contexte bioclimatique qui serait encore plus dangereux et qui transgresserait alors le seuil des +1,5 °C.

La nécessité de lancer des politiques d'atténuation du changement climatique, de transitions écologiques et énergétiques à très grande échelle, ainsi que les évolutions civilisationnelles nécessaires pour atteindre ces objectifs vitaux, peut émerger de ce moment. C'est un chemin de crête. Mais il nous est encore possible de l'emprunter.

ANNEXES

Chronologie

La chronologie des événements El Niño se divise en trois périodes.

Avant 1870 : les archives écrites et les traces archéologiques permettent de déceler des épisodes El Niño jusque dans un lointain passé, avec un accent mis sur les événements les plus intenses car ceux-ci laissent des traces plus intenses. Ces El Niño-là sont plausibles, mais pas certains.

1870-1980 : les El Niño modernes, que l'on décèle avec des probabilités fortes car ils sont associés à des mesures instrumentales fines (pression atmosphérique, températures) et à des archives écrites décrivant leurs effets. Ces épisodes El Niño sont fortement probables.

Après 1980 : les El Niño contemporains, mesurés avec certitude grâce aux outils météorologiques récents. Les dépôts sédimentaires péruviens indiquent qu'El Niño existerait depuis au moins 430 000 ans. Certains chercheurs estiment qu'il se serait mis en place il y a quelques millions d'années, quand s'est créé l'isthme de Panama connectant les deux continents américains. La Terre sort de la dernière grande glaciation il y a environ 12 000 ans. L'activité d'El Niño connaît une pause significative dans la première moitié de l'Holocène, avant de reprendre il y a 5 000 ans.

Avant 1870

1531-1532 : un possible El Niño a pu favoriser la chute de l'Empire inca face aux Espagnols.

De 1558 à 1900, série considérée comme attestée par les indices archéologiques au Pérou et des archives concordantes dans le monde, selon George Adamson (2018, p. 147). Les épisodes intenses sont marqués en gras:

1558-1559; **1574-1575**; 1577-1578; 1585-1586;

1588: défaite de l'Invincible Armada espagnole sur les côtes britanniques, peut-être liée à un épisode La Niña;

1590-1591; 1593-1594; 1595-1596; 1607-1608; **1618-1620**; 1623-1624; 1634-1635; 1646-1648; 1651-1652; **1660-1661**; **1686-1688**; 1695-1696;

1700-1701; 1712-1713; **1718-1720**; 1723-1724; 1727-1728; 1737-1738; 1746-1747; 1760-1761; 1765-1766; 1777-1778; 1784-1785; **1790-1791**; 1793-1794; 1799-1800; 1803-1804;

1811-1812: El Niño d'intensité moyenne, suivi d'un fort épisode La Niña, qui accroît les difficultés de la Grande Armée napoléonienne lors de sa retraite de Russie, hiver 2012.

Le XIXe siècle est marqué par une augmentation du rythme des El Niño, peut-être dopé par la méga-éruption du volcan Tambora (Indonésie) en 1815 et par la sortie du Petit Âge glaciaire (qui s'étend de la fin du XIIIe jusqu'au début du XIXe):

1813-1814; 1816-1817; 1818-1819; 1820-1821; 1823-1824; 1827-1828; 1831-1832; 1836-1837; **1844-1845** (aggrave la famine en Irlande); 1849-1850; 1851-1852; 1853-1854; 1856-1857; 1861-1862; 1863-1864; 1865-1866; 1868-1869.

1870 1980

1877-1878: un événement El Niño très puissant, peut-être le plus intense depuis cinq siècles, interrompt la mousson sur une partie de l'Inde, soumise à la colonisation britannique. Les incuries politiques et les événements climatiques causent une famine qui emporte 6 à 10 millions d'Indiens. Le même phénomène provoque une méga-sécheresse en Chine du Nord, où la famine consécutive fait 10 à 20 millions de victimes dans un État affaibli par les agressions étrangères et les révoltes. La sécheresse qui frappe la partie rurale du Nord-Est brésilien (Sertão) entraîne 0,5 à 1 million de morts supplémentaires.

1880-1881 : El Niño faible ; 1883-1884 : El Niño fort ; 1888-1889 : El Niño modéré.

1890-1891 : El Niño intense.

1896-1897 puis 1899-1900 : deux El Niño intenses dévastent l'Inde (6 à 19 millions de morts), la Chine (peut-être 10 millions de morts), le Brésil (approximativement 1 million de morts). Ils entraînent l'affirmation de violents mouvements messianiques (chapitre 3) et sont associés à une forte conflictualité. Leurs effets se font sentir jusqu'en 1902, année marquée par un El Niño modéré.

1905-1906 : El Niño modéré, qui se prolonge peut-être jusqu'en 1907. Il est suivi en 1907-1910 d'un triple La Niña.

1911-1912 : un El Niño intense favorise la multiplication des icebergs dans l'Atlantique Nord, créant des conditions préalables au naufrage du *Titanic*.

1914-1915 et 1917-1918 : El Niño modéré.

1925-1926 : El Niño intense.

1931-1932 : El Niño fort.

1940-1941 : un El Niño intense, auquel succède un fort épisode La Niña, aurait aggravé les difficultés rencontrées par les armées allemandes dans leur offensive en URSS.

1953-1954 : El Niño modéré. 1957-1958 : El Niño fort. 1963-1964 : El Niño modéré. 1965-1966 : El Niño fort. 1969-1970 : El Niño modéré, suivi de deux années La Niña.

1972-1973 : El Niño intense, suivi de deux ou trois années La Niña. Chute du Négus en Éthiopie en 1974.

1976-1977 : El Niño modéré.

Après 1980

1982-1983 : cet El Niño intense prend la communauté scientifique par surprise. Il impacte négativement les activités agricoles et halieutiques dans le monde, et nourrit des mégafeux en Australie. Cet événement va pousser certains gouvernements à fournir des moyens importants pour étudier ENSO.

1984-1985 : La Niña modérée. 1986-1987 : El Niño fort.

1987-1988 : El Nino intense ou fort, peut-être Modoki, suivi d'un intense épisode La Niña (**1988-1989**).

1991-1992, 1992-1993, 1994-1995 : trois années atypiques, possiblement marquées par une succession de trois El Niño Modoki. 1995-1996 : La Niña modérée.

1997-1998 : Cet El Niño surprend la communauté scientifique par son départ très rapide, son intensité exceptionnelle et sa fin soudaine. Bilan selon l'ONU : 21 700 morts, 118 millions de personnes touchées, 27 pays impactés, 4,8 millions de déplacés, 33 milliards de dollars de dégâts. Il est suivi de deux à quatre années La Niña, décroissant en puissance, d'intense à faible.

2002-2003, 2003-2004, 2006-2007 : El Niño faibles probables. 2007-2008 : La Niña modérée. 2009-2010 : El Nino Modoki modéré, suivi par deux années La Niña (2010-2012). 2014-2015 : faux départ pour un El Niño annoncé comme exceptionnel, qui frappe l'année suivante.

2015-2016 : cet El Niño intense entraîne les températures planétaires les plus chaudes jamais relevées, au-delà de + 1,5 °C planétaire en janvier et février 2016 – record d'ores et déjà battu par l'El Niño 2023-2024 au moment où nous écrivons, début juillet 2023.

2017-2018 : La Niña hivernale modérée. 2018-2019 : El Niño hivernal très faible. 2019-2020 : épisode ENSO (neutre).

2020-2023 : Triple La Niña.

2023+ : Retour en fanfare d'El Niño…

Sources : Mike Davis, *Génocides tropicaux, op. cit.* ; « El Niño », Wikipedia, consulté le 11 juillet 2023 ; César N. Caviedes, *El Niño in History, op. cit.* ; ORTLIEB Luc, « The documented historical record of El Niño events in Peru… », *op. cit.* ; Richard Grove, George Adamson, *El Niño in World History*, *op. cit.* ; Daniel H. Sandweiss *et al.*, « Geoarchaeological evidence from Peru for a 5000 years B.P. onset of El Niño », *Science*, vol. 273, 9 septembre 1996 ; R. Garcia-Herrera *et al.*, « A chronology of El Niño events from primary documentary sources in Northern Peru », *Journal of Climate*, 29 juin 2009 ; https://ensoreview.com/enso

Bibliographie

ABIS, Sébastien, *Géopolitique du blé*, Paris, Armand Colin, 2023.

AUZANNEAU, Matthieu, *Pétrole. Le déclin est proche*, Paris, Le Seuil/Reporterre, 2021.

BROWN, Kerry, *China's World: The foreign policy of the world's newest super power*, Londres, I.B. Tauris, 2017, rééd. 2022.

BURGISS, Tom, *The Looting Machine: Warlords, tycoons, smugglers and the systematic theft of Africa's wealth*, Londres, William Collins, 2015.

BURKE, Jason, *The New Threat: The past, present and future of islamic militancy*, The New Press, 2017.

CAVIEDES, César N., *El Niño in History. Storming through the ages*, Gainesville FL, University Press of Florida, 2001.

CLINE, Eric H., *1177 avant J.-C. Le jour où la civilisation s'est effondrée*, 2014, traduit de l'anglais par Philippe Pignarre, Paris, La Découverte, 2015, rééd. 2016.

DAVIS, Mike, *Génocides tropicaux. Catastrophes naturelles et famines coloniales (1870-1900) – Aux origines du sous-développement*, 2001, traduit de l'américain par Marc Saint-Upéry, Paris, La Découverte, 2003, rééd. « Poche », 2006.

DIAMOND, Jared, *Effondrement. Comment les sociétés décident de leur disparition ou de leur survie*, 2005, traduit de l'américain par Agnès Botz et Jean-Luc Fidel, Paris, Gallimard, 2006, rééd. 2009 ; *Bouleversement. Les nations face aux crises et au changement*, traduit de l'américain par Hélène Borraz, Paris, Gallimard, 2020.

DIAZ, Henry F., MARKGRAF, Vera (dir.), *El Niño and the Southern Oscillation. Multiscale variability and global and regional impacts*, Cambridge, Cambridge University Press, 2000.

FAGAN, Brian M., *Floods, Famines, and Emperors. El Niño and the Fate of Civilizations*, Philadelphia PA, Basic Books, 1999, rééd. 2009 ; avec DURRANI, Nadia, *Climate Chaos. Lessons on Survival from Our Ancestors*, PublicAffairs, 2021.

FERGUSON, Niall, *Apocalypses. De l'Antiquité à nos jours*, Paris, Saint-Simon, 2020.

GROVE, Richard, ADAMSON, George, *El Niño in World History*, Londres, Palgrave Macmillan, rééd. 2018.

GUSTAFSON, Thane, *Klimat, Russia in an age of climate change*, Harvard university Press, 2021.

HILLMAN, Jonathan, *The Emperor's New Road: China and the project of the century*, Yale University Press, 2020.

HUCHET, Jean-François, *La Crise environnementale en Chine*, Paris, Les Presses de Sciences Po, 2016.

KILCULLEN, David, *The Dragons and the Snakes. How the Rest learned to fight the West,* Hurst, 2020.

KLARE, Michal, *All Hell Breaking Loose: The Pentagon's perspective on climate change*, Metropolitan Books, 2019.

KLEIN, Naomi, *La stratégie du choc. La montée d'un capitalisme du désastre*, traduit de l'anglais par Lori Saint-Martin et Paul Gagné, Arles, Actes Sud, 2008, rééd. 2015.

KUNSTLER, James Howard, *The Long Emergency, Surviving the converging catastrophes of twenty first century*, Atlantic Press, 2006.

LYNAS, Mark, *Six degrés. Que va-t-il se passer ?*, 2007, traduit de l'américain par Pierre Kaldy, Malakoff, Dunod, 2008 ; *Climat. Dernier avertissement*, Le Diable Vauvert, 2022.

McINTOSH, Roderick J., McINTOSH, Susan Kech, TAINTER, Joseph A., (dir.), *The Way the Wind Blows:*

Climate, history and human action, New York, Columbia University Press, 2000.

McPHADEN, Michael, SANTOSO, Agus, CAI, Wenju (dir.), *El Niño Southern Oscillation in a Changing Climate*, Hoboken NJ/Washington DC, Wiley/American Geophysical Union, 2021.

MARTINEZ, Luis, *L'Afrique, le prochain califat? La spectaculaire expansion du djihadisme*, Tallandier, 2023.

MEYER, Éric Paul, *Une histoire de l'Inde. Les Indiens face à leur passé*, Paris, Albin Michel, 2007.

MICHAILOF, Serge, *Africanistan. L'Afrique en crise va-t-elle se retrouver dans nos banlieues?*, Fayard, 2015; *Afghanistan: autopsie d'un désastre, quelles leçons pour le Sahel?*, Gallimard, 2022.

MICHERON, Hugo, *La colère et l'oubli. Les démocraties face au djihadisme européen*, Gallimard, 2023.

MIDDLETON, Guy D., *Understanding Collapse. Ancient history and modern myths*, Cambridge, Cambridge University Press, 2018.

NASH, Madeleine, *El Niño: Unlocking the secrets of the master-weather*, Grand Central Publishing, rééd. 2003.

PARKER, Geoffrey, *Global Crisis. War, Climate Change and Catastrophe in the Seventeenth Century*, New Haven/Londres, Yale University Press, 2013.

PEARCE, Fred, *When the Rivers Run Dry: The global water crisis and how to solve it*, Granta, 2006, 2018.

PHILANDER, George, *El Niño, La Niña, and the Southern Oscillation*, San Diego CA, Academic Press, 1990.

ROUBINI, Nouriel, *Mégamenaces. Dix dangers qui mettent en péril notre avenir, et comment leur survivre*, Buchet-Chastel, 2023.

SERVIGNE, Pablo, STEVENS, Raphaël, *Comment tout peut s'effondrer. Petit manuel de collapsologie à l'usage des générations présentes*, Paris, Le Seuil, 2015.

STEFFEN, Will, COSTANZA, Robert, GRAUMLICH, Lisa J. (dir.), *Sustainability or Collapse? An Integrated History and Future of People on Earth*, The MIT Press, 2006.

TAINTER, Joseph A., *L'effondrement des sociétés complexes,* 1988, traduit de l'américain par Jean-François Goulon, La Fenderie, Le Retour aux sources, 2013.

TESTOT, Laurent, *Cataclysmes. Une histoire environnementale de l'humanité*, Paris, Payot, 2017, rééd. 2018 ; avec WALLENHORST, Nathanaël, *Vortex. Faire face à l'Anthropocène*, Paris, Payot, 2023.

TEURTRIE, David, *Russie. Le retour de la puissance*, Armand Colin, 2021.

VALANTIN, Jean-Michel, *Géopolitique d'une planète déréglée*, Paris, Le Seuil, 2017, rééd. 2022 ; *L'Aigle, le Dragon et la crise planétaire*, Paris, Le Seuil, 2020.

WALLACE-WELLS, David, *La Terre inhabitable. Vivre avec 4 °C de plus*, Robert Laffont, 2022.

WELZER, Harald, *Les Guerres du climat. Pourquoi on tue au XXI*e *siècle,* 2008, traduit de l'allemand par Bernard Lortholary, Paris, Gallimard, 2009.

WHITE, Sam, *The Climate of Rebellion in Ottoman Empire*, Cambridge, Cambridge University Press, 2011.

Remerciements

Mille mercis à Vincent Mignerot et Nathanaël Wallenhorst, qui se sont proposés pour relire cet ouvrage sous le feu de l'urgence, s'acquittant de cette tâche en un temps record. Toute omission ou erreur reste évidemment à la charge des auteurs.

Achevé d'imprimer en octobre 2023
dans les ateliers de Normandie Roto Impression s.a.s.
N° d'impression : 2304089

Imprimé en France